貓頭鷹書房

　　有些書套著嚴肅的學術外衣，但內容平易近人，非常好讀；有些書討論近乎冷僻的主題，其實意蘊深遠，充滿閱讀的樂趣；還有些書大家時時掛在嘴邊，但我們卻從未看過……

　　如果沒有人推薦、提醒、出版，這些散發著智慧光芒的傑作，就會在我們的生命中錯失——因此我們有了**貓頭鷹書房**，作為這些書安身立命的家，也作為我們智性活動的主題樂園。

貓頭鷹書房——智者在此垂釣

內容簡介

「宇宙大霹靂」的建立者加莫夫從一九三八年開始，寫下一系列的物理科普作品，並創造了「湯普金斯先生」這號人物，用虛構的故事描述真實確切的物理科學。從一九三八年出版開始不僅深受物理科普讀者歡迎，也是許多物理學者喜愛的讀物。之後經過幾次增補，最後在一九九九年由著名科普作家史坦納德做了全面修訂，不僅忠於原著，又加入近年來的新發現與新學說，讓這本經典作品在歷經半個世紀後依然不朽。

作者簡介

加莫夫（George Gamow，一九〇四至一九六八年），不但是二十世紀最具影響力的物理學家（他是建立宇宙大霹靂理論的學者之一），也是推動科學普及的大師。他有許多作品極受歡迎，其中最著名的就是《物理奇遇記》（一九六五年出版）。

史坦納德（Russell Stannard），堪稱是最有才華的科普專家，他曾在許多媒體上曝光，並參加眾多計畫案，他的著作《艾伯特叔叔三部曲》特別受到歡迎（包含《艾伯特叔叔的時空》、《黑洞與艾伯特叔叔》以及《艾伯特叔叔的量子之旅》），這三本書讓十一歲以上的孩童能夠了解愛因斯坦與量子理論。這套書獲得絕大成功，備受推崇，已經翻譯成十五種語言，曾贏得隆普朗克非文學類書獎、惠布瑞德年度最佳童書獎、美國科學作品獎等等獎項。

譯者簡介

但漢敏，輔仁大學翻譯研究所畢業，現專職翻譯。主要譯作有《我在漢堡店臥底的日子》（商智出版）、《任性創業法則》、《忙碌爸爸也能做好爸爸》（野人出版）、《石油玩完了》（時報出版）等書。

貓頭鷹書房 227

物理奇遇記

湯普金斯先生的新世界

The New World of Mr Tompkins

加莫夫、史坦納德◎著

但漢敏◎譯

貓頭鷹

THE NEW WORLD OF MR TOMPKINS: GEORGE GAMOW'S CLASSIC MR TOMPKINS IN PAPERBACK by GEORGE GAMOW
Copyright©1999
This edition arranged with CAMBRIDGE UNIVERSITY PRESS through Big Apple Tuttle-Mori Agency, Inc., Labuan, Malaysia
Traditional Chinese translation copyright © 2010 by OWL PUBLISHING HOUSE, A DIVISION OF CITÉ PUBLISHING LTD.
ALL RIGHTS RESERVED.

貓頭鷹書房 419　　　　　　　　　　　　　　　ISBN 978-986-6651-96-0

物理奇遇記：湯普金斯先生的新世界

作　　　者　加莫夫（George Gamow）　　史坦納德（Russell Stannard）
譯　　　者　但漢敏
企畫選書人　陳穎青
責 任 編 輯　張慧敏　林玫君
協 力 編 輯　林益詩　孫永芳　林婉華
校　　　對　李鳳珠
美 術 編 輯　謝宜欣
封 面 設 計　夜貓子工作室
封 面 繪 圖　蔡嘉驊
內 頁 繪 圖　愛德華（Mike Edwards）

主　　　編　陳穎青
行銷業務部　楊芷芸　鍾欣怡
總 編 輯　謝宜英
社　　　長　陳穎青
出 版 者　貓頭鷹出版
發 行 人　涂玉雲
發　　　行　英屬蓋曼群島商家庭傳媒股份有限公司城邦分公司
　　　　　　104台北市民生東路二段141號2樓
　　　　　　劃撥帳號：19863813；戶名：書虫股份有限公司
城邦讀書花園：www.cite.com.tw　購書服務信箱：service@readingclub.com.tw
購書服務專線：02-25007718～1（週一至週五上午09:30-12:00；下午13:30-17:00）
24小時傳真專線：02-25001990；25001991
香港發行所　城邦（香港）出版集團／電話：852-25086231／傳真：852-25789337
馬新發行所　城邦（馬新）出版集團／電話：603-90563833／傳真：603-90562833
印 製 廠　成陽印刷股份有限公司
初　　　版　2010年1月

定　　　價　新台幣300元／港幣100元

讀者意見信箱　owl@cph.com.tw
貓頭鷹知識網　http://www.owls.tw
歡迎上網訂購；
大量團購請洽專線 (02)2500-7696轉2729

城邦讀書花園
www.cite.com.tw

國家圖書館出版品預行編目資料

物理奇遇記：湯普金斯先生的新世界／加莫夫
（George Gamow）、史坦納德（Russell
Stannard）著；但漢敏譯. -- 初版.-- 臺北市：
貓頭鷹出版：家庭傳媒城邦分公司發行, 2010.01
　面；　　公分. --（貓頭鷹書房；419）
譯自：The new world of Mr. Tompkins
ISBN　978-986-6651-96-0（平裝）

1. 物理學　2. 通俗作品

330　　　　　　　　　　　　　　　98020734

■**編輯室報告**

如果我是湯普金斯先生……

　　走進加莫夫的物理世界，相信沒有人不被震撼的。讀這本書的同時，真覺得湯普金斯先生的奇遇讓人好生羨慕啊！一會兒在騎自行車的同時看見四度空間的改變，印證愛因斯坦的相對論，一會兒又能跳進微觀的量子物理世界，在電子軌道上翩翩起舞。這些近代理論相較於古典物理顯得更抽象，但是透過湯普金斯先生的奇遇，卻活生生的將相對論和量子理論呈現在人們眼前。如果我是湯普金斯先生，那就更棒了。

一手探究科學，一手把科學變好玩的科普大師──加莫夫

　　相信大家對這本書的原作者加莫夫一點都不陌生，他是宇宙大霹靂學說的提出者。除了是重要的物理學家外，他在生物學、數學、化學、宇宙學各方面都有所鑽研，也有相當傑出的研究成果。更讓人驚訝的是，加莫夫還是一位備受推崇的科普作家。由於他個性幽默風趣，作品承襲他的個人風格，生動活潑的寫法，將艱澀的科學變得平易好讀，影響了無數科學家與愛好科學的讀者。在他二十多年的科普創作生涯裡，共出版二十部中、長篇作品，六、七十篇科普文章，著作等身。到底該如何形容加莫夫受到的推崇與讚譽呢？這麼告訴你吧，就連愛因斯坦都對加莫夫的科普作品豎起大拇指叫好喔！

湯普金斯先生歷劫歸來

　　湯普金斯先生是加莫夫筆下的主角人物，他是個銀行小職員，但對物理學卻有莫大的興趣，誕生於一九四〇年代，在「湯普金斯先生系列」第一部作品《Mr Tompkins in Wonderland》裡。隨後加莫夫又撰寫了《Mr Tompkins Explores the Atom》，這兩部是該系列中最重要的故事。因此後來加莫夫又將這兩部作品合併修訂為《Mr Tompkins Paperback》，成為世人最熟悉的湯普金斯先生故事。加莫夫辭世後，一九九九年科普作家史坦納德經加莫夫家人同意，將出版超過半個世紀的《Mr Tompkins Paperback》重新修訂，更新、增補最新的物理知識，以《The New World of Mr Tompkins》的新面貌與讀者見面。

　　包括這部作品，加莫夫許多著作都被譯為多種語言，在世界上廣為流傳。七〇年代後台灣也推出了中文譯本，分別由蒲慕明教授和張郁禮先生翻譯，由徐氏基金會所出版，很受好評。有一次蒲慕明教授回台接受清大吳文桂教授專訪還提及這本書，希望能對原本的譯文加以修正，只可惜後續並無其他出版社再出版此書。如果湯普金斯先生這樣消失在台灣科普作品中，就太讓人惋惜了。所以很幸運地，我們有這機會將湯普金斯先生重新介紹給讀者，讓消失的經典作品以更貼近現代讀者的樣貌再現。

　　如果我是湯普金斯先生，那麼我會很高興的說：謝謝你們，我回來了！

■推薦序

令人難忘的幽默科學家：加莫夫

國立清華大學生命科學系　吳文桂教授

　　評介二十世紀一百大物理科普書，就應該選擇由加莫夫原著，劍橋大學一九六五年發行的「湯普金斯夢遊幻境」系列；若要鼓勵年輕學子的閱讀，選擇這本一九九九年由史坦納德在原著出版半個世紀後的改寫版本，將更適合。誠如作者所言，如果加莫夫本人尚在人間，也會同意全盤改寫他自己的原作，因為，他是個經常因為科學有了新進展，而會對著作不斷修改，甚至完全改寫的人！

　　加莫夫是「宇宙大霹靂」理論的原創者，不僅在粒子物理開啟了研究新途，也是首位在分子生物基因密碼方面提出可驗證模型的人，此外他也是位不受傳統約束的科學家。他甚至在嚴肅的學術著作上，會因為「宇宙大霹靂」理論的另位作者姓Alfer，不惜引進另一位姓Bethe但沒有參與工作的科學家，來成全他的 α β γ 搬弄文字的樂趣。了解加莫夫在破解基因密碼貢獻的人，一定也知道，他曾經結集了一群對RNA有興趣的人，成立了一個「領帶俱樂部」，為此他也親自設計這個領帶。如果進一步了解到加莫夫因為本書原插畫作家已退休，就決定根據原作畫者的風格親自動筆來畫，或許有收藏書本喜好的人，會設法到舊書攤購買舊的版本。

　　湯普金斯先生是加莫夫為了向一般人解釋空間曲度、膨脹宇宙理

論以及原子世界，所創造出來的一位銀行櫃台市井小民，他的英文名字簡寫是 C.G.H，分別代表光速（C），重力常數（G）及量子常數（h），由於這些物理常數不是非常地大，就非常地小，在一般的物理世界上，我們很難觀察到它們的效應，就此，加莫夫創造出新的世界，想像當這些常數變成與我們日常生活的物理世界相當時，所產生的怪異現象，也因此得以誇大渲染這些現象，幫助我們了解。這就好像將我們變成像細胞一般大小時，再送入人類體內，如此了解人體的細胞運作，當能事半功倍。有趣的是，加莫夫用這個聰明構想所寫出的稿子，居然給七家雜誌社連續退稿。

　　這種誇大型的比喻，雖然有助於讀者體會，但往往也造成誤解，為解決這個困難，加莫夫又把一些比較正規的解釋及說明，以老教授的講稿方式，在不同的章節相互穿插，因此讀者能得到更清楚的物理概念。我相信，如果我們當老師的，能夠一方面編寫講義，另方面又對重要觀念編撰故事，學生學習的能力，必定大幅增加。這也難怪，加莫夫是當時教授中，少數幾位能夠僅靠版稅，不靠其薪水過活的人。從二十世紀到今天，加莫夫創造的湯普金斯先生新世界，可能是物理學家對他仍然念念不忘的主要原因。

　　改寫本書的史坦納德，本人也是著名的科普作家，他除了配合時代背景，將原文進行修改外，更增加了四個章節，分別介紹黑洞、加速器、最新的理論進展，以及未來有待解決的問題。為了加強說明，在插畫方面，由於三種不同口味的畫作集結在新的版本上，實在不大搭調，也由愛德華全部更新。因此最新的版本，除了保有原來的風貌外，也介紹了近代物理的最新進展。我個人覺得，在近代物理的教學

上，如能將本書索引部份也列入教材，加莫夫本人，一定在天堂大笑，他的功力確實無遠弗界，正叼根煙斗在那邊逍遙自在呢？！

（本文引自「一百本中文物理科普書籍推薦」書評）

好評如潮

中央研究院地科研究所　李太楓博士

我四十年前在清華與後來成為舊版譯者的蒲慕明院士，在班上同是湯普金斯迷，一心要以加莫夫為師。現在有了經專家校訂，並加入後續發展而更趨完整的新版，愈加值得一讀。

台北市立建國高級中學　高君陶老師

本書輕鬆有趣的短篇故事，呈現相對論複雜的抽象概念，與量子力學微觀的特殊現象。隨著情節發展，可讓我們具體描繪量子世界的驚奇及奧秘，是非常適合高中以上讀者閱讀的科普書籍。

中央研究院物理研究所　張志義博士

湯普金斯先生的新世界嚴格來說並不「新」。那些匪夷所思的情節，如移動的時鐘會變慢等等，其實也時時刻刻發生在我們周圍，只是效應很小，所以我們感覺不到。作者把這些有趣的物理效應放大很多倍，創造了一個奇幻荒誕的新世界。讓我們隨湯普金斯先生一起去遊歷吧，很多奇遇在等著你呢！

成功大學物理系　許瑞榮老師

好書是經得起時間考驗的。三十年前看此書舊版時，覺得內容生動活潑，插畫傳神，讓物理這一門科學，在霎時之間變的好玩多了。今日再讀新版，更佩服作者的科普寫作功力與修訂者的用心；能如此引人入勝，深入淺出的介紹狹義、廣義相對論與量子物理，讓讀者可以一窺近代物理的奧秘。

國際物理奧林匹亞競賽金牌　建國中學　陳昱安同學

可以隨著主角湯普金斯先生的腳步，探索一些看似不可思議的相對論現象與量子效應，使我們對艱澀難懂的理論，有基本的認識與想像的藍圖，便於進一步的學習。

台灣師範大學地球科學系　傅學海老師

傳奇人物—宇宙大霹靂的創立者加莫夫，從頂尖科學家轉業成名利兼收的科普作家。他以幽默、深入淺出的文筆，以說理、小說情節雙軌並行的方式鋪陳，將相對論、量子物理融入讀者的心靈中。

台北市立建國高級中學　蔡炳坤校長

書中幽默有趣的情節，巧妙描述相對論的箇中道理，外行如我都愛不釋手，更何況是有志於物理探究的青年學子。我懇切推薦這值得細細品味的科普好書，保證讓你像愛因斯坦一樣讚不絕口！

物理奇遇記：湯普金斯先生的新世界　　　　　　　　　　目　次

校訂者序

大部分物理學家一定多少都曾讀過湯普金斯先生的冒險故事。雖然加莫夫原本的目標讀者是物理門外漢，但這本現代物理學的經典入門書卻持久不衰，在全球都深受歡迎。我向來很喜歡湯普金斯先生。因此當出版社邀我更新這本書時，我也非常樂意。

從本書上次的修訂已過了三十年，學界在這些年中有了許多新發現，尤其在宇宙學與高能量核子物理學等領域更是如此，顯然這本書很久以前就該更新了。然而再度閱讀本書後，我卻發現需要注意的部分不只是物理學而已。

例如現代的好萊塢作品不再只是「大明星的老掉牙愛情戲」。介紹量子理論時也不能用獵老虎當例子，畢竟現代人都相當擔心瀕臨絕種的生物。而書中教授的女兒慕德「噘著嘴」，「只顧著看『時尚』雜誌」，想要「一件漂亮的貂皮大衣」，主角們一開始討論物理就跟她說：「你先走吧，姑娘。」可是現在大家卻是煞費苦心，希望女性也能加入研究物理的行列，因此舊版的情節實在很難達到這種效果。

故事編排方面也略有問題。加莫夫的功勞在於用深具創意的方法介紹物理學，但故事情節相對較弱。湯普金斯先生總是從夢境中學到新的物理概念，常常他都還沒有從現實生活的教授演講或對話裡了解這些概念（連下意識的接觸都沒有）。或者例如湯普金斯先生去海邊度假的情節。他在火車上睡著，夢到教授跟他一起旅行。後來湯普金斯先生發現教授真的跟他在同一個地方度假，因此很擔心教授會記得湯普金斯先生在火車上做的糗事，但那明明是夢境吧！

　　在某些部分，書中的物理學解釋應該可以更清楚一點。例如說明在不同地點發生的事件會相對失去同時性時，是利用兩艘太空船內的觀察者來比較結果。但是舊版並非以這兩個參考座標系之一為觀察基準，而是讓這兩艘太空船在一個不明的第三座標系移動。同樣地，在剪票員遭槍殺的故事中，雖然售票員是在月台另一端讀報，我們卻無法像故事內容一樣清楚證明他的無辜（敘事方式應當排除售票員在坐下讀報前，先開槍射殺剪票員的可能性）。

　　另外還有個問題，「宇宙歌劇」該怎麼辦呢？無論如何，在倫敦柯芬園上演這種作品顯然不大可能。但現在我們面臨一個新問題：歌劇的主題，也就是宇宙大霹靂理論與恆穩態理論的抗衡；如今幾乎已經沒有人在爭論這兩個理論何者為真了，因為許多實驗證據都偏向宇宙大霹靂理論。可是，刪除這篇精心編排的有趣插曲將是一大損失。

　　插圖又是一個難題。舊版的插圖是由赫克漢與作者加莫夫繪製。可是為了說明物理學的最新發展，新版也需要以插圖說明，因此又得加入第三位插畫家。我們是要勉強接受令人不滿的繪畫風格衝突？還是要採取全新的畫風呢？

　　在考慮這些層面後，我必須做出決定：我可以選擇進行最小程度的改寫，只修改物理部分，忽略其他所有缺點；我也可以自找麻煩，進行徹底的修改工作。

　　我決定採取第二種做法。所有章節都需要修訂。第七章、第十五章、第十六章與第十七章則是全新章節。另外，我認為加入字彙說明應該能有所幫助。我提出的詳細變更內容，都經過加莫夫家族、出版社與出版社顧問團隊的同意，不過也有位顧問認為不該更動任何一個字。他的反對意見顯示了我無法讓大家都滿意。想當然耳，一定有人還是比較喜歡原版，這也是人之常情。

　　新版的主要目標讀者是至今還不認識湯普金斯先生的人。新版試圖保有加莫夫原版的精神與做法，也希望能刺激下一代的讀者、滿足下一代的需求。我希望若加莫夫今日仍在世的話，這本新版能像是他本人寫出的書。

感謝

感謝愛德華繪製新插圖，為文字加入了生氣。我要謝謝李立，他對我早期的草稿提出了許多有建設性的實用意見。加莫夫家族給了我鼓勵與支持，我在此深表感謝。

史坦納德

加莫夫於舊版的序

　　一九三八年，我寫了一篇科學的短篇奇幻故事（不是科幻小說），試圖向不懂物理的人解釋彎曲空間與宇宙擴張的理論。我誇大了實際的相對論現象，讓故事主人翁可以輕鬆觀察到這些現象；故事的主角是湯普金斯先生（湯普金斯先生的姓名縮寫源自三個基本物理常數：光速的c、重力常數G、以及量子常數h。為了讓街上的人注意到這些常數造成的效應，因此必須以極大的係數將常數放大），他是一位對現代科學深感興趣的銀行櫃員。

　　我把稿子寄到「哈波月刊」，然後就像所有剛起步的作家一樣，我被退稿了。我還嘗試寄給其他五、六家雜誌社，結果都一樣。因此我把原稿收回書桌抽屜，也忘了這件事。那年夏天，我前往華沙參加國際聯盟舉辦的理論物理學國際會議。當我一邊享受波蘭的上等蜂蜜酒，一邊與老友達爾文爵士（他是《物種原始》作者達爾文的孫子）聊天時，我們談到了科學普及的事。我跟達爾文說起遭退稿的倒楣經歷後，他說：「聽著，加莫夫，你回美國就去把稿子找出來，寄給史諾博士，他是劍橋大學出版社出版的『發現』科普雜誌編輯。」

　　所以我照做了。一周後，史諾發了電報給我，電報上說：「下期雜誌將刊出您的文章。請再寄其他文章給我們。」因此，湯普金斯先生的數篇故事就這樣一一刊載在「發現」雜誌上，讓大眾藉此認識相對論與量子理論。後來我收到劍橋大學出版社的來信，出版社提議將這些文章集結成書，不過還要再多添幾篇故事以補充頁數。這本《湯普金斯夢遊記》（徐氏基金會早期的中譯本譯為湯普金）在一九四〇

年由劍橋大學出版社出版，後來又再版了十六次。續集《湯普金斯夢遊記：近代物理探奇》在一九四四年出版，現在已再版九次。此外，這兩本書也發行了幾乎所有歐洲語言的譯本（除了俄文外），而且還有中文、印度文的譯本。

　　最近劍橋大學出版社決定將這兩本原作集結成一冊，因此請我更新舊稿，並添加更多故事，解釋在原版發行後的物理進展與相關領域。因此我加入了核分裂與核融合、恆穩態理論，以及關於基本粒子的有趣問題。這些新、舊內容總和在一起後，這本書也得以成形。

　　我必須提一下關於插圖的部分。原本刊登在「發現」雜誌及舊版第一集出版時，插圖是由赫克漢繪製的，他創造了湯普金斯先生的樣貌。可是當我寫第二集時，赫克漢已經從插圖家的工作退休，所以我決定自己來畫插圖，我的畫風完全忠於赫克漢的風格；另外，本書中的歌詞與歌曲則是由我妻子芭芭拉所寫。

加莫夫
寫於美國科羅拉多州波德，科羅拉多大學

第一章
城市限速

今天是國定假日，在大型城市銀行擔任小小櫃員的湯普金斯先生睡了個懶覺，好好享受一頓悠閒的早餐。他打算規畫假日行程，首先想到的是下午可以去看電影。湯普金斯打開當地報紙，翻到娛樂版。可是沒有一部電影讓他感興趣。現在大家愛看那些描寫性與暴力的電影，他很不喜歡這種內容。剩下的片子則是假日常見的兒童片。如果能有一部與眾不同的電影，讓觀眾有身歷其境的冒險感，或許還很刺激的話，那該有多好。可惜沒有這種片子。

湯普金斯先生無意間看到版面角落的小告示。鎮上的大學公布了一系列講座，主題是現代物理學的問題。這天下午的講座主題為愛因斯坦的相對論。嘿，這可能很不錯！湯普金斯先生常聽說世上實際了解愛因斯坦理論的人，加起來可能只有一打；或許他將成為第十三個了解這理論的人！因此他決定去參加講座，搞不好這就是他想做的事。

到了大學的大會堂後，湯普金斯先生發現演講已經開始了。講堂裡滿滿都是學生。不過也有部分年紀較長的人士散坐其中，應該都是跟他一樣的一般民眾吧。一位留著白鬍子的高個子男士站在頂掛式投影機旁演講，台下觀眾很專注地聆聽著。這位男士正在向聽眾解說相對論的基本概念。

湯普金斯先生從演講知道，愛因斯坦理論的核心概念就是光速為世上最快的速度，所有實物移動的速度都無法超越光速，因此也產生

了很奇特的結果。例如當物體以接近光速的速度移動時，量尺會縮短，時鐘行走的速度也會變慢。不過那位教授也說明，因為光速為每秒三十萬公里（也就是每秒十八萬六千英里），所以很難在一般生活中觀察到這種相對論的效果。

對湯普金斯先生來說，這理論完全與常識相反。他試圖想像接近光速的結果會是如何，不過他的頭也慢慢地往下垂……

等他張開眼睛時，發現自己不是坐在講堂椅子上，而是坐在市政府為了等公車的乘客所設置的長椅上。這個小鎮的街道兩邊林立著中世紀學院建築，是個漂亮的老城市。湯普金斯先生覺得自己一定是在做夢，可是眼前景象沒什麼奇怪的地方。對面大學高塔的大鐘指針指向五點。

街上幾乎沒有人，只有一位騎自行車的人緩緩朝他騎來。當自行車騎士愈騎愈近時，湯普金斯先生驚訝地兩眼大睜。那位年輕人和他的腳踏車在行進方向上都變得扁扁的，有如用圓柱體透鏡看到的影像一樣。鐘塔上的鐘響了五響，那位自行車騎士顯然在趕時間，他更加用力地踩踏板。湯普金斯先生不覺得騎士的速度有變快，但騎士卻因此變得更扁，看來就像從硬紙板上剪下的扁平圖片一樣，沿著街道往下騎去。湯普金斯先生突然恍然大悟，自行車騎士就像剛剛聽到的演說內容一樣，因為他正在移動，所以長度也縮短了。他對自己想到的解釋非常滿意。「這裡的自然極限速度一定比較低。」湯普金斯先生做出結論。「我猜絕對不到時速三十二公里。這小鎮根本不需要測速照相機。」此刻剛好有一台救護車從旁邊疾駛而過，但速度卻比自行車騎士快不了多少；雖然救護車閃著警示燈、響著警笛，速度卻跟爬的沒兩樣。

湯普金斯先生想追上自行車騎士，問他變扁是什麼感覺。可是他

縮短到令人難以置信

該如何追上人家？這時湯普金斯先生看到大學牆邊停了一台腳踏車。他想那可能是某位參加演講的學生的腳踏車，稍微借用一下的話，那位學生應該不會在意吧？湯普金斯先生確定沒有人在看之後，就騎上腳踏車，沿著街道加速前進，想要追上那位自行車騎士。

他深信開始騎腳踏車後，自己就會立刻變扁，而且最近他對逐漸擴張的腰圍略感焦慮，所以他也很期待自己能變扁。可是讓湯普金斯先生意外的是，什麼事都沒發生，他跟腳踏車的尺寸、形狀都還是維持原樣。但周遭景象卻變得與剛剛完全不同。街道變短了，櫥窗變窄了，行人瘦削到前所未見的程度。

「哈！」湯普金斯先生興奮高喊。「我懂了！這就是**相對性**的意思。所有與我相對移動的物品，看來都變短了；不管是誰踩踏板，都會看到這景象！」

湯普金斯先生挺擅長騎單車，他竭盡全力想趕上剛剛的年輕人。但他發現即使他用盡所有力氣踩踏板，加速的程度還是微乎其微。湯普金斯先生的腿開始覺得痠痛，可是他現在經過轉角路燈的速度，卻比剛開始騎車時快不了多少。似乎他想要騎快的努力全付諸流水。他現在了解為什麼那台救護車的速度，會跟自行車騎士差不多了。這時湯普金斯先生想起教授說的話，想要超越光速的極限是不可能的。不過他也注意到，他騎得愈努力，感覺街區就變得更短。騎在他前面的自行車騎士現在看來沒那麼遠了，最後他終於追上那位騎士。當湯普金斯先生與騎士並肩前進時，他轉頭一看，意外發現自行車騎士和腳踏車現在看來都變正常了。

「啊，這一定是因為我們不再相對移動。」他判斷。

「不好意思，」他高喊，「你不覺得住在極限速度這麼低的城市裡，很不方便嗎？」

無論　誰騎車都一樣

自行車騎士驚訝地回答：「極限速度？這裡沒有速度限制呀。如果我有摩托車，而不是騎這台破腳踏車的話，我愛騎多快就多快，想去哪就去哪。」

「但是你剛剛從我旁邊經過時，移動速度很慢呢。」湯普金斯先生說道。

「我不覺得那很慢，」年輕人回答，「從我們開始講話到現在，已經通過五個街區了。你覺得這樣還不夠快嗎？」

「你說的也對，但那是因為街區和街道都變短了。」湯普金斯先生辯解。

「這有什麼差別嗎？我們移動速度變快，或是街道變短，結果都是一樣的。我要穿越十個街區才能到郵局。如果我騎得更快，街區就會變短，我也能更早抵達郵局。其實，我們到了。」年輕人說道，他從腳踏車上下來。

湯普金斯先生也停下來。他看到郵局時鐘顯示已經五點半了。「哈！」他得意洋洋地喊道：「我剛剛不是說了嗎？你的速度**很慢**。你花了整整半小時才穿過十個街區。我最初看到你時，大學鐘塔正好指向五點，現在卻已經五點半了！」

「你**覺得**有半小時嗎？」對方回問，「這段時間**像是**半小時嗎？」

湯普金斯先生必須承認感覺並沒有那麼久，似乎才經過不到幾分鐘。而且當他低頭看手錶時，手錶顯示才五點五分而已。「是嗎？」他喃喃地說，「所以是郵局時鐘太快嗎？」

年輕人回答：「也可以這樣說。當然也有可能是你手錶太慢了。手錶是與其他時鐘相對移動的，不是嗎？你到底想怎麼樣？」他有些生氣地瞪著湯普金斯先生。「你是怎麼了？怎麼說話像個外星人一

樣。」說完這句話後，年輕人就走進郵局了。

　　湯普金斯先生覺得很遺憾，如果那位教授可以在旁邊解釋這些奇怪現象就好了。自行車騎士顯然是本地人，從小就習慣這些情況了。湯普金斯先生只好自己研究這個奇特世界。他重新把手錶時間調成與郵局時鐘相同，為了確定手錶沒有壞掉，他還在那邊等了十分鐘。手錶現在跟郵局時鐘的時間一模一樣，一切看來都沒有問題。

　　他走回街上，來到火車站，決定根據火車站時鐘再檢查一次手錶。結果手錶又慢了一點，讓他很沮喪。

　　「天呀，又是相對性。」湯普金斯先生說道，「每次我移動的時候一定都會這樣。真是太不方便了。不管去哪裡都要重新對時，好麻煩。」

　　這時候，一位打扮體面的紳士從車站出口出來。這位看起來四十多歲的男士四處張望，認出了一位在路邊等待的老婦人，他走上去與老婦人打招呼。讓湯普金斯先生深感意外的是，她稱下車的紳士為「親愛的祖父」。怎麼可能？**他**怎麼會是**她**的祖父呢？

　　湯普金斯先生受到好奇心驅使，走向他們，有些卻步地問道：「不好意思，不知道我剛剛有沒有聽錯。你真的是她的祖父嗎？這樣問很抱歉，可是我……」

　　「喔，我懂了，」男士微笑回答，「或許我該解釋一下，我的工作常常需要出差。」

　　湯普金斯先生看來還是很困惑，因此那位陌生男士又繼續解釋。「我大部分時間都待在火車上。所以當然我變老的速度就比住在城裡的親戚要慢了許多。每次回來看到我可愛的小孫女，都讓我很開心。抱歉，我們得先走了，不好意思。」那位男士攔下計程車，讓湯普金斯先生獨自面對心中的疑問。

在火車站餐廳吃了幾個三明治後，湯普金斯先生又覺得有精神了。他一邊喝咖啡，一邊沉思著：「對，運動當然會讓時間變慢，所以那位男士變老的速度也比較慢。而且教授也說過，所有動作都是相對的，代表那位男士看來會比親戚更年輕。好極了，一切都水落石出了。」

但他又停了下來，放下杯子。「等等，這樣不對。」他心想。「在那位男士眼中，他的孫女看來**並沒有**比較年輕，而是比他還老。灰髮沒有相對性呀！這是什麼意思？所有運動都**不是**相對的嗎？」

他決定再試最後一次，找出箇中原因究竟為何。他走向餐廳中唯一一位顧客，那是個身穿車站制服的人。

「不好意思，」他說道，「你可以好心回答我一個問題嗎？請問火車乘客變老的速度比留在定點的人慢那麼多，到底是誰決定的呢？」

「是我決定的。」那人簡單回答。

「真的嗎？」湯普金斯先生高聲說，「怎麼……」

「我是火車駕駛。」對方回答，似乎這樣就能解釋一切了。

「火車駕駛？」湯普金斯先生重複道，「我從小就一直想當火車駕駛。但是……這跟不會變老有什麼關係嗎？」他看起來又更加困惑了。

「我不知道，」駕駛回答，「可是世界就是這樣。是那個大學老師說的。我們之前一起坐在那邊。」他轉頭比向門旁的桌子。「我們在那裡聊天，他說明了一切。不過太難啦，我完全不懂。但他說那跟加速和減速有關係，至少我還記得這個。他說影響時間的不只是速度，加速也會。每次火車進站、離站，要加速或減速時，就會干擾乘客的時間。**沒有**坐在火車上的人就不會感覺到這些變化。因為當火車

進入月台時，站在月台上的人不用抓住扶手之類的東西，免得自己像坐火車的人一樣跌倒。因此大家會出現老化的差異⋯⋯大概是這之類的吧⋯⋯」他聳聳肩。

　　突然有人重重搖了搖湯普金斯先生的肩膀。他發現自己不是坐在車站餐廳裡，而是待在聽演講的講堂座椅上。講堂裡燈光昏暗，空無一人。搖醒他的人是工友，他說：「抱歉，先生，我們要關門了。如果你想睡覺的話，還是回家比較好。」湯普金斯先生很尷尬地站起身，走向出口。

第二章
讓湯普金斯先生陷入夢境的相對論演講

各位女士、先生,晚安:

　　人類在知識發展的初期,為了架構各個發生的事件,因此定義了空間與時間的概念。這些概念代代相傳,基礎理念都不曾改變;而隨著精密科學開始發展,空間與時間的概念也成為從數學角度說明宇宙時的基石。第一位清楚定義古典空間與時間概念的人是偉大的牛頓,他在《自然哲學之數學原理》(*Principia*)一書中寫道:

　　　　「絕對空間本身與外界一切皆無關,絕對空間的性質不變,無法移動。」以及:「時間是絕對的,時間恆真、可計算,其本質不受外界事物影響,皆以相同速度流逝。」

　　因為大家深信上述空間與時間的**古典概念**正確無誤,所以哲學家通常也將此視為最優先的假設條件,沒有一位科學家想過或許該質疑前述論點。

　　但到了二十世紀初,實驗物理學以最精細的檢驗方式得到的許多研究成果,都與古典的空間、時間解釋互相矛盾。這些發現讓二十世紀最偉大的物理學家愛因斯坦提出革命性的想法,他認為雖然傳統上大家已經習慣相信古典的空間、時間概念絕對正確,然而事實上並沒有什麼理由支持這種信念,而且為了讓古典概念能符合現代更精確的

新體驗，這些概念是可以改變也應該要加以改變的。其實古典的空間、時間概念都是根據人類日常生活經驗歸結而成，既然今日實驗技術已有高度進展，觀察方法也更加精確，那麼舊有概念變得粗糙、不夠準確，顯然也是理所當然的。以前在日常生活與物理學發展的初期，大家之所以使用舊有概念，其實只是因為舊概念與正確概念間的差異非常微小，因此大家也很難發現其中差距。因為現代科學探索的領域日益擴大，我們得以進入新、舊概念存在顯著差異的世界，因此古典概念不再適用也是很正常的結果。

其中有一項最重要的實驗結果，讓大家開始質疑古典概念的基本觀念，那就是**實驗發現光速在真空狀態下是一常數（每秒三十萬公里，約十八萬六千英里），而且是所有可能的實際速度的上限。**

這項出乎大家意料的重要結論完全可用實驗證明，例如美國物理學家邁可生與摩利的實驗。他們在十九世紀末，試圖觀察地球運轉對光速的影響。他們當時先入為主的觀念認為光是一種波，在名為「以太」的介質中移動。因此光移動時，應該與水波在池塘表面移動的方式相近。地球在以太中移動時，就像是小船在水面上移動一樣。從船上乘客看來，位於小船前進方向的漣漪離開船的速度比較慢；位於小船後方的漣漪則比較快。因此計算前方水波速度時，要先扣掉船速；後方水波速度則要加上船速。我們稱這個概念為**「速度相加理論」**。大家一直認為這是不證自明的事。同樣道理，大家也認為光的行進方向與地球在以太中移動的方向有相對關係，因此會使光速出現變化。因此我們若測量不同方向的光速，就可判斷地球在以太裡行進的速度。

可是，邁可生與摩利的實驗結果卻讓他們大感驚訝，而且讓整個科學界都感到意外；他們發現光速並不受地球行進方向影響，光在所

有方向的行進速度都完全相同。這個奇特的實驗結果讓某些人認為或許由於某種不幸的巧合，所以在他們進行實驗的時候，繞著太陽運轉的地球正好與以太呈相對靜止的關係。為了證明是否真是如此，在過了六個月後，當地球走到運轉軌道另一端，以相反方向行進時，邁可生與摩利又再度進行實驗。結果還是一樣，他們無法觀察到光速出現改變。

　　大家認為光速行進時若不像水波，那麼還有另一種可能，光行進時可能更接近拋射體。假設在船上用手槍發射子彈，不管從哪個方向發射，船上乘客看到的子彈速度都是一樣的，就像是邁可生與摩利在運轉的地球上，觀察往各個方向發射的光一樣。但是在這種理論中，站在岸上的人會發現朝船行進方向發射的子彈速度較快，與船行進方向相反的子彈速度較慢。射出方向與船行進方向相同的子彈速度，必須加上船速；往船後方發射的子彈速度，則要減掉船速。這也符合速度相加理論。因此，若光源**與我們有相對移動**的關係，那麼隨光的發射方向與光源移動方向間的角度不同，光速也會不同。

　　然而實驗也證明並非如此。就拿中性 π 介子當例子好了。中性 π 介子是非常微小的次原子粒子，衰變時會放射出兩脈衝的光。實驗結果發現，無論放射光線的行進方向與 π 介子行進方向的相對關係為何，光速都是一樣的；就連 π 介子以逼近光速的速度移動時，光速也不會改變。

　　因此，第一個實驗證明光速不像傳統的水波運動，第二個實驗證明光速也不像傳統的粒子運動。

　　我們最後的結論是，真空環境下的光速是一常數，不管觀察者如何移動（我們站在移動的地球上觀察），或是光源如何移動（我們觀察從移動中的 π 介子上放射的光線），光速都不變。

　　那我剛剛提到的另一項光的性質，也就是光速是最大速度，這又會帶來什麼結果呢？

　　你可能會說：「或許這概念是對的，但如果我把好幾個小於光速的速度加起來後，不就變成超光速的速度了嗎？」

　　例如請想像一台快速疾駛的火車，假設其速度為光速的四分之三，接著想像車廂頂端有位男士，他在車廂上奔跑的速度也是光速的四分之三（請利用**想像力**吧！）。根據速度相加理論，加總後的速度應該為光速的一‧五倍，也就是奔跑的男士應該可以超越號誌燈發射的光線。但因為實驗發現光速是常數，所以前述假設的加總速度，一定會比我們預設的速度更慢，古典的速度相加理論是錯的。

　　雖然我不想在此多提，不過用數學解決上述問題的話，可用一個很簡單的算式計算兩個重疊動作加總後的速度。假設要相加的速度為 v_1 與 v_2，c 是光速，速度加總後為

$$V = \frac{(v_1 + v_2)}{\left(1 + \dfrac{v_1 v_2}{c^2}\right)}$$
　　　　　　　　　　　　　　　　　　方程式（1）

　　各位可以從方程式看出，假如原本兩個速度都很小，我的意思是與光速相比很小的話，那（1）式的分母後半部分將會小到可以忽略，證明古典的速度相加理論為真。但就算 v_1 與 v_2 都很大，算式的最後結果也依然比直接加總的數值更小。例如剛剛假設某人在火車上奔跑，v_1 與 v_2 皆等於 $\frac{3}{4}c$，方程式算出最後速度 v 為 $\frac{24}{25}c$，依然比光速略小一點。

　　各位應該有注意到，若原本的速度有一者為 c 時，無論另一個速度為何，（1）式算出的結果永遠會是 c。所以無論加總幾個速度，都永遠無法超越光速。這個方程式已經從實驗獲得證明。因此，兩個

速度重疊後的數值，一定會比直接加總的數值小。

了解極限速度的確存在後，我們就可開始評斷古典的空間與時間概念，首先從**同時性**的概念開始吧。

若你說：「南非開普敦礦坑爆炸的時候，我正好在倫敦的公寓裡煎火腿蛋。」你以為自己了解這段話的意義。不過我將說明其實你並不懂其中差異。嚴格來說，這段話根本沒有意義。

請想想若要判斷分隔兩地的不同事件是否同時發生的話，你會用什麼方法呢？大家應該覺得若兩地時鐘皆指向相同時間的話，那兩個事件就是同時發生的。這時出現一個問題，我們該如何設定分隔兩地的時鐘，讓它們顯示的時間相同呢？於是我們又回到最初的問題了。

在真空下的光速，不會受到光源移動的影響；若測量光速時的系統正在移動，也不會對光速造成影響，這兩者都是已由實驗證明的確切事實，因此若要測量兩個不同觀測站間的距離，並將測量站的時鐘設置成相同時間的話，以下使用的方式將是最合理的做法，相信各位在思考後也會同意這一點。

首先從觀測站 A 以光發出訊號，當觀測站 B 接收到訊號後，立刻回傳到 A。將觀測站 A 發射訊號到接收訊號的時間除以二，再乘以光速常數，就可算出 A 與 B 間的距離。

觀測站 A 與觀測站 B 分別設有時鐘，假如 B 接收到訊號的那一刻，B 站時鐘顯示的時間正好等於 A 站時鐘記錄從發射到接收的時間除以二的話，那麼這兩地時鐘設定的時間即相等。我們可利用這種方法，從建構在固體上（這裡的例子是地球表面）的不同觀測站觀察，最後就可算出想要的參考座標系。這麼一來，即可開始判斷不同地點發生的兩個事件是否具有同時性，或者是其時間間隔為何的問題了。

但假如所有觀察者都利用前述方法建立自己的參考座標系，大家

計算出的結果皆相同嗎？假如觀察者之間有**相對運動**的話，又會如何呢？

在解決這問題前，先假設在兩個不同固體上，建立了參考座標系；例如有兩艘長型太空火箭，兩者皆以固定速度往相反方向前進。讓我們來看看若以這兩者的參考座標系分別測量對方的話，會獲得什麼結果吧。假設兩艘火箭上，分別有一位觀察者位於火箭前方，另一位觀察者位於火箭後方。首先，每對觀察者都必須正確對時，所以他們利用前述的方法調整自己的時鐘。觀察者利用量尺，找出火箭的中心點，在中心點放置周期性發光的光源。他們設定光源，使其可分別朝火箭兩端發射光線。當觀察者分別在自己位置接收到中心點傳來的光線時，他們就將手錶歸零。光線往兩端行進的距離相等，速度皆為 c，因此根據之前的定義，觀察者在自己的座標系裡建立了同時性的標準，所以觀察者也可藉此「正確」對時──至少在他們眼裡是如此。

現在，觀察者要判斷兩艘火箭上的時間讀數是否相符。例如若從火箭 2 上觀察火箭 1 的觀察者手錶，火箭 1 的兩位觀察者的時間是否相同呢？我們可用下述方式檢驗：在兩艘火箭的中心（光源位置），設置兩個通電的導線，當兩艘火箭擦身而過，中心點正好彼此相對之際，導線間就會產生火花，促使兩個光源同時朝其火箭兩端發射光線，也就是圖（a）的情況。稍後，火箭 2 的觀察者 2 A 與 2 B 所看到的情況，則是圖（b）的樣子。火箭 1 對火箭 2 有相對移動，光線無論往前、往後發射的行進距離都一樣。但請看看火箭 1 發生了什麼事。因為觀察者 1 B 等於往前靠近朝他發射的光線（根據觀察者 2 A 與 2 B 看到的情況），因此火箭 1 向後發射的光線，此時已經抵達 1 B 所在的位置。從觀察者 2 A 與 2 B 看來，這是因為光線需要行進

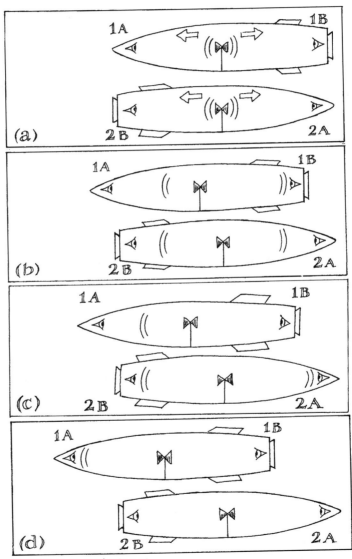

觀察者的手錶時間不同

的距離較短。因此，觀察者１Ｂ將手錶歸零的時間比所有人都早！圖（ｃ）中，火箭２的光線分別抵達兩端，這時觀察者２Ａ與２Ｂ就將手錶同時歸零。等到圖（ｄ）時，火箭１向前發射的光線，才終於抵達往後退的觀察者１Ａ處，此時１Ａ將手錶歸零。因此從火箭２的觀察者看來，火箭１的觀察者並未正確對時，他們手錶顯示的時間**不同**。

當然我們也可輕鬆證明火箭１的觀察者會看到相同情況。在他們的立場上，「靜止」的是**自己**的火箭，移動的則是火箭２。因此觀察者２Ｂ會向前接近光線，觀察者２Ａ則會遠離光線。從１Ａ與１Ｂ看來，自己有正確對時，沒有正確對時的是２Ａ與２Ｂ。

前述情況之所以產生不同看法，是因為當事件在不同地點發生時，兩對觀察者都必須先**衡量計算**，如此才能判斷不同地點的事件是否同時發生；他們必須考量光線從遠處抵達所需的時間，雙方都深信在**自己**眼中，不管光線朝哪個方向行進，光速都是不變的（只有在**相同地點**發生的事件，才毋須事先衡量計算，大家皆同意在同一地點發生的事件具有同時性）。由於兩艘火箭幾乎一模一樣，因此唯一解決兩對觀察者意見歧異的答案，是其實以他們**自己的立場**來看都沒有錯；然而有誰是**絕對**正確呢？這就是無解的問題了。

經過以上假設，我們發現**絕對同時性消失了；某參考座標系認為在不同地點、同時發生的兩件事，在另一座標系的眼裡看來，兩件事的發生時間卻一定會有間隔。**

這概念乍聽之下非常奇怪。不過讓我這麼問好了：如果我說你在火車上吃飯時，雖然是在餐車內的同一位置喝湯、吃點心，但其實你喝湯、吃點心的位置分別是在鐵軌的遙遙兩端的話，這是很奇怪的說法嗎？當然不是。在火車上吃飯的情況，可以解釋為**在某參考座標系**

空間中，於同一地點、不同時間發生的兩件事，在另一座標系的眼裡看來，這兩件事發生的位置將出現距離的差異。

　　我想大家會同意這是「普通」情況。但請將其與前述的「矛盾」情況相比較，各位就會發現這兩個論點其實是完全對稱的。只要將論點內的「時間」換成「空間」，兩個論點就可輕鬆轉換了。

　　愛因斯坦的完整論點為：牛頓的古典物理學認為時間與空間、時間與動作都是互相獨立的（「時間本質不受外界事物影響，皆以相同速度流逝」），但在新的物理學裡，時間與空間是有緊密關係的。所有可觀察到的事件，都在同一次元的「時空連續體」發生，時間與空間只是代表兩個不同的橫切面而已。雖然我們對時間與空間的體驗不同，測量方式也不一樣（一個用尺，一個用鐘），但我們不能因此受到誤導。實質世界並非由三度空間加獨立的一度時間組成；空間與時間彼此緊密融合，形成一個密合的四度實質世界，也就是**時空**。

　　想將四度時空連續體分割為三度空間與一度時間，完全是獨斷的做法，而且會因在不同座標系觀察而出現不同結果。所以在某一座標系裡，觀察到距離為 l_1 的兩個地點發生了兩個事件，其發生的時間差為 t_1；但在另一座標系看來，這兩個事件發生地點的距離是 l_2，時間差則是 t_2。這全都要看觀察者是從四度時空的哪一個橫切面進行觀測，而且觀察者與事件間的相對動作也會造成影響。

　　就某方面來說，你可以將空間轉換為時間，或將時間轉換為空間。時間與空間的概念多少是可以「混合」的。將時間轉換為空間（例如在火車上吃飯），對我們來說是很平易的概念；但將空間轉換為時間，似乎就很怪異，而且還會帶來同時性的相對問題。這是因為當我們用「公尺」等單位測量距離時，相對應的時間單位就不該用傳統的「秒」，而是得用更合理的時間單位，這種時間單位代表光線通

過一公尺距離所需的時間，即〇・〇〇〇〇〇〇〇〇三秒。如果我們天生能感受到如此短暫的時間間隔，那麼當同時性消失時，我們就能夠很深刻、明顯地感受到了。然而其實在我們日常生活的世界裡，將空間差距轉換為時間差距時的差別，幾乎是我們無法觀察到的，這也是為何古典概念會認為時間是絕對獨立、不會改變的了。

　　不過在觀測高速的動作時，例如放射性原子核釋放出電子的動作等等，這種狀況下時間所涵蓋的距離，與合理時間單位所代表的距離是屬於相同等級，於是我們一定會遇上之前討論的影響效果，此時相對性理論也就變得很重要了。即使在速度較低的領域裡，例如太陽系行星的移動等等，還是一樣可觀察到相對性效應。這是因為天文測量要求極度精準的緣故。若想觀測到這類相對性影響，就必須以每年百分之幾角秒的精細度來測量行星移動的變化。

　　就像前面所說明的內容，在檢視空間與時間的概念後，我們可獲得一項結論：某些空間距離能轉換為時間間隔，反之亦然。也就是在不同的移動座標系中，測量某段距離或某段時間的長度時，會測出不一樣的數值。

　　雖然我不希望在演講中提到數學算式，不過我們可用一項較簡單的算式分析前述問題，這是一個計算上述數值變化的固定方程式。在此為感興趣的人詳細說明一下，方程式中，長度為 l_0 的任意物體以相對速度 v 對觀察者移動時，觀察者看到的物體長度會隨其速度縮短。觀察到的長度 l 將為：

$$l = l_0 \sqrt{\left(1 - \frac{v^2}{c^2}\right)} \qquad\qquad 方程式（2）$$

此時當 v 逼近 c 時，l 將會愈來愈小。這是相對論著名的「**長度收**

縮」。補充一下，上式的長度是物體在運動方向的長度。與運動方向垂直的尺寸則維持不變。因此該物體在運動方向會變扁。

一樣地，若某事件耗時 t_0，從以速度 v 相對移動的座標系觀察事件時，該事件所需的時間變成耗時較久的 t，因為

$$t = \frac{t_0}{\sqrt{\left(1 - \frac{v^2}{c^2}\right)}}$$

方程式（3）

請注意當 v 增加時，t 也會增加。因此當 v 接近 c 值時，t 值變得極大，事件的時間實際上接近停止狀態。這稱為相對論的「時間延緩」。這也是為什麼有人說讓太空人以接近光速的速度旅行的話，他們老化的過程將大幅減緩，讓他們實際上不會變老，因此太空人可以長生不老！

別忘了在以等速相對運動的參考座標系中，這些影響效果都是絕對對稱的。站在火車月台上的人，會認為在快速移動的火車內的乘客變扁、火車乘客在車上移動的速度變得極慢，而乘客的手錶也會變慢；但火車乘客對月台上的人卻會有一樣的感覺，乘客認為車站變窄，內部所有動作都變慢了。

乍聽之下，你可能覺得這是互相矛盾的說法。沒錯，這問題變成了所謂的「雙胞胎詭論」。假設有一對雙胞胎，讓其中一人去旅行，另一人留在家中。根據剛剛說明的理論，當雙胞胎兩人自行進行觀察，且計算光訊號抵達的時間之後，他們兩人都會深信是對方的老化速度較慢。問題是當旅行的雙胞胎回家，讓兩人**直接相比**時，又會有什麼樣的發現呢？這時的比較不再需要計算，因為他們位於同一地點（顯然他們不可能**都比對方老**）。這矛盾問題的答案是雙胞胎兩人的立足點其實不一樣。當出外旅行的雙胞胎要回來時，她必須經歷加速

過程，首先減慢速度，接著朝反方向重新加速。她和自己的雙胞胎兄弟不同，她的運動並沒有維持等速。只有留在家中的雙胞胎符合等速條件，因此他才能證實自己的想法無誤，也就是他的姐妹現在比他年輕。

在演講結束之前，我要補充一點。大家或許會想，為什麼我們不能讓物體的速度加快到超過光速呢？當然各位可能認為，如果用足夠力量、足夠時間推動某一物體，使其持續加速前進，最後物體一定可達到任意速度。

根據力學的基本概念，若想使某一物體開始運動，或想加快物體現有的運動，其困難的程度會受到物體的質量影響；假設增加的速度相同，則當物體質量愈大時，加速就會愈困難。在所有情況下，物體的速度皆不可能超越光速，這或許可解釋為何加速是很難的一件事。持續使物體加速時，阻力也會持續增加，這是因為物體質量變大的關係。換句話說，當物體速度接近光速時，其質量一定將無限增加。以數學分析之後，導出了一項方程式可說明這種相依關係，跟剛剛的方程式（2）和（3）很像。假設物體在低速時的質量為m_0，當物體速度達到v時，質量則為m，計算m的方程式如下：

$$m = \frac{m_0}{\sqrt{\left(1 - \frac{v^2}{c^2}\right)}}$$
方程式（4）

從上式可以發現，當v接近c時，繼續加速時所產生的阻力將接近無窮大，因此c是極限速度。這種相對性的質量變化，可以用快速移動的粒子實驗證明，例如電子。電子是在原子裡的微小粒子，繞著原子中心的原子核移動。因為電子很輕，所以很容易就能提高它的速度。若我們從原子中拿出電子，利用特殊的粒子加速器以強大電力

影響電子後，就可讓電子的速度極度逼近光速。當電子接近這種速度時，持續使電子加速所產生的阻力，將使電子質量變為原本正常質量的四萬倍；加州史丹福大學的實驗室已經以實驗證明這一點。

不只如此，時間延緩也已經以實驗證明。在瑞士日內瓦郊區，有一間名為「歐洲核子研究委員會」的高能物理實驗室。歐洲核子研究委員會利用不穩定的緲子進行實驗（緲子是一種基本粒子，在正常情況下，會於百萬分之一秒後發生放射性衰變），實驗證明，緲子以高速在大甜甜圈形狀的圓形機器內運轉時，緲子留存的時間為靜止不動的三十倍；這也正是根據上列方程式計算出的時間延緩數值。

因此在接近光速時，古典力學的估算方式變得不再適用，此時我們就非得應用相對論不可了。

CERN：歐洲核子研究委員會

第三章
湯普金斯先生的假期

　　第一場演講結束後已經過了幾天，那個相對論的夢境還是讓湯普金斯先生很感興趣。讓他覺得最困惑的謎團，就是為何火車駕駛可以讓乘客免於變老。每晚睡覺時，他都希望能再夢到那個有趣的城市，可是卻沒能如願。湯普金斯先生膽子小又容易緊張，所以他常常做噩夢。上次他就夢到自己處理帳目的動作太慢，結果銀行經理當場開除他。湯普金斯先生試圖用相對論的時間延緩當藉口脫罪，卻沒有人上當。他決定自己該度假休息一番。現在，他人在火車裡，要前往海邊享受一周的假期；他看著窗外景象從一棟棟的灰濛屋頂，慢慢變成鄉間綠地。可惜來度假的話，湯普金斯先生也得錯過第二場演講，不過他想辦法從大學的系祕書那裡拿到教授筆記的影印本。湯普金斯先生已經看了一段時間，想要理出頭緒，不過成效不大。他把筆記帶在身邊，上火車後又從公事包裡拿出來閱讀。此時，火車車廂的搖晃讓他倍感舒適……

　　等他把筆記放下，再度看向窗外時，景象變得與之前相去甚遠。電線桿排得非常密集，有如圍籬一樣，兩旁樹木的樹冠也非常狹窄，像是一棵棵的義大利柏樹。還有件更讓他開心的事：坐在他對面的人居然是演講的教授！想必教授是在他認真看筆記時上車的吧。

　　湯普金斯先生鼓起勇氣，決定好好利用這個機會。

　　「我想我們進入相對性國度了。」他說。

　　「沒錯，」教授回答，「你很熟這裡……嗎？」

「我來過一次。」

「你是物理學家嗎？相對論的專家？」教授詢問。

「哎呀，不是。」湯普金斯先生略感困惑地否認，「我才剛開始學習而已，目前還只聽過一場講課。」

「這樣很好，畢竟何時開始都不嫌遲。相對論是很有趣的題目。你是在哪裡上課的呢？」

「在大學裡。其實就是您的演講。」

「我的演講？」教授驚訝地說。他認真端詳湯普金斯先生，隨即認出他來，教授微笑說道：「沒錯。你就是遲到偷偷進來的那位。我想起來了。怪不得我覺得你很眼熟。」

「希望沒有打擾到你演講……」湯普金斯先生語帶歉意地喃喃說道。他非常希望這位觀察入微的教授演講時沒注意到他最後還打瞌睡了。

教授回答：「沒有，沒有。沒關係的，常常發生這種事。」

湯普金斯先生想了一會兒，大膽詢問：「希望這樣不會讓您覺得麻煩，我想請教一個問題，一個小小問題，可以嗎？上次我進入這個相對論國度時，碰到一位火車駕駛，他說乘客老化速度比市民慢而不是比市民快的原因，全都是因為火車會停止、出發的關係。我不懂……」

教授想了一會兒，隨後他開始解釋：

「假設有兩個人以等速相對運動，他們都認為對方老化速度較慢，也就是相對性的時間延緩。火車乘客認為車站售票櫃台人員老化速度比自己慢；而售票人員也覺得火車乘客老化速度比自己慢。」

「但不可能他們兩人說的都對吧。」湯普金斯先生反對道。

「為什麼不可能？從他們兩者的立場來看，他們說的都沒錯。」

「也對，但到底哪個人才是**真正**正確的呢？」湯普金斯先生追問。

「問這種普遍性的問題是不恰當的。在相對論中，觀察結果一定與某位特定觀察者有關，他與觀察對象之間存在著定義清楚的相對運動關係。」

「但的確是乘客老化得比售票員慢，而不是售票員老得比較慢。」湯普金斯先生繼續描述他上次碰到一位常出差的男士與其孫女的情況。

「對，沒錯，」教授有些失去耐性地打斷他，「又是雙胞胎詭論。我在第一場演講中有提過，你可以回想一下。那位祖父會受到火車加速影響，他**不像**孫女一樣保持在等速不變的運動狀態下。因此孫女的認知才是正確的，也就是她的祖父回家時，兩相比較之下，祖父的老化速度會比孫女慢。」

「對，我了解，」湯普金斯先生也同意，「但我還是搞不清楚。孫女能透過相對論的時間延緩原則，理解祖父衰老速度較慢的原因，這邊我懂。但祖父看到孫女變老的速度**比自己快**，不會覺得很疑惑嗎？他要怎麼對自己解釋**這情況**？」

教授回答：「喔，這就是我在第二場演講裡解釋的部分了，你還記得嗎？」

這會兒湯普金斯先生只好解釋他錯過演講的原因，不過他打算看筆記好跟上進度。

「這樣嗎，」教授繼續說，「讓我這麼說好了，**祖父**為了了解情況，他必須考慮自己**改變**運動時，孫女身上發生了什麼事。」

「這是什麼意思？」湯普金斯先生問。

「當祖父以一定速度旅行時，孫女老化速度會比他慢，這是時間

延緩原則。然而一旦火車駕駛拉下煞車，或隨後加速往回駛的話，將對孫女的老化過程帶來完全相反的影響；在祖父看來，孫女老化的速度會**加快**。在這些祖父的運動未能保持等速的短暫期間裡，孫女的老化速度將遠遠超出祖父。因此即使後來火車以一定速度往回開，讓孫女的老化速度也恢復為較慢的正常速度，但所有影響加總之後，祖父到家時，依然會認為孫女老化得比自己更快，這也是祖父最後看到的結果。」

「好奇怪，」湯普金斯先生問道：「科學家找到證據了嗎？有什麼實驗結果顯示老化過程會出現差異嗎？」

「當然有。我在第一場演講提過日內瓦的歐洲核子研究委員會曾進行實驗，讓不穩定的緲子在空心圓圈中繞圈運動。因為這些緲子的速度接近光速，因此它們開始衰變的時間也比實驗室的靜止緲子慢三十倍。運動的緲子等於祖父，它們繞著圓圈打轉，承受所有使它們開始運動、繞回起點的力量。靜止的緲子則是孫女，它們衰變或『死去』的速度會比運動的緲子更快。

「其實還有一種檢測方式，這是一種間接的證明：非等速運動的座標系所形成的環境，跟強大重力的作用很像，或者也可說一模一樣。你坐電梯的時候，應該會發現當電梯迅速加速往上升時，自己似乎變重了，而當電梯開始往下降時（纜線斷掉時的感覺最明顯），自己似乎就變輕了。這是由於加速造成的『重力場』得與地球重力相加（或相減），因為加速與重力的效果是一樣的，所以我們也可藉由觀測重力的效果，調查加速會對時間帶來何種影響。實驗發現，地球重力會使高塔上的原子振動較快，而在塔底的振動速度就比較慢。這正是愛因斯坦預期加速會帶來的影響效果。」

湯普金斯先生皺起眉頭。他不懂塔頂的原子振動較快，跟孫女老

化速度較快之間到底有什麼關聯。教授注意到他的困惑，繼續說明。

　　「假設你在塔底抬頭看塔頂的原子振動，上面原子振動的速度比較快。這時你其實正受到外力影響：地板為了承受你的重力，因此對你產生往上的推力。因為有這股向上的推力，使得上方所有物體的時間經過加快。這是由於當你離原子愈遠，你與原子間的『重力位差』將會愈大。於是塔頂原子的速度就會比塔底原子的速度更快。

　　「同樣道理，如果你在火車裡受到外力影響⋯⋯」教授停了下來，「其實，我想現在我們的確慢下來了，駕駛在煞車。太好了，此刻座椅靠背正對你施加力量，改變了你的速度；方向則是朝火車後方。這段期間裡，位於靠背後方的所有事件都會加快速度，如果你的孫女在那裡，她也會遇上一樣情況。

　　「不過，我們現在到底在哪裡？」教授問道，他從車窗往外看。

　　火車緩緩經過一個鄉間小站。月台上空無一人，只有一位剪票員；在月台另一端的售票亭裡，有一個年輕售票員坐在窗邊看報紙。突然剪票員高舉雙手，臉朝下地倒在地上。湯普金斯先生沒聽到槍響，或許是火車聲音蓋過了槍響，但剪票員身旁的血泊證實他遭到槍擊。教授立刻拉下緊急煞車索，火車緊急煞車。他們下車時，正好看到年輕售票員朝屍體跑去，手裡拿了支槍。此時一位警察趕到現場。

　　「一槍射穿心臟。」警察檢查屍體後表示，他轉向年輕售票員說：「我要以謀殺剪票員的罪嫌逮捕你。快把槍交出來。」

　　售票員驚恐地看著手上的槍。

　　「這不是我的槍！」他大喊，「槍掉在那邊，我只是撿起來而已。我剛剛在看報，結果聽到槍響就跑過來了。然後我看到地上的槍。凶手一定是逃跑時把槍丟在地上了。」

　　「很不錯的藉口。」警察回答。

你看到的不算數

　　年輕人堅持：「我告訴你，我沒有殺他。我為什麼要殺這老傢伙……？」

　　年輕售票員絕望地環顧左右。「你，」他指向湯普金斯先生，「你一定有看到事情經過。這些男士可以證明我是無辜的。」

　　「沒錯，」湯普金斯先生證明他的話，「我看到一切經過。剪票員遭槍擊時，這年輕人正在看報紙。他當時的確沒有拿槍。」

　　「哈，可是你在火車上，」警察不屑地說，「你在移動，不是嗎？**移動**！你看到的不算數，那根本不算證據。在**月台**上，這年輕人可能拿出了槍，射殺了受害者；可是對坐在火車上的**你們**來說，受害者死亡的時候，年輕人可能還在看報。事件是否同時發生，跟觀察者的座標系有關，不是嗎？先生，我知道你是好意，不過你只是在浪費我的時間而已。跟我走。」警察轉身對倒楣的售票員說。

　　「不好意思，警官，」教授插嘴，「我想你弄錯了，而且是**很嚴重**的錯誤。我知道同時性的概念在貴國內非常重要。的確，在不同地點的兩件事是否同時發生，會跟觀察者的運動有關。但即使在貴國裡，也不會有觀察者能在原因發生前，就先看到結果（我想你不可能在信寄出前，就先收到信吧？也不可能在打開酒瓶前，就先喝醉吧？）現在的情況是我們看到年輕人手上拿槍的時候，剪票員**已經**倒地身亡了。如果我沒理解錯誤，您似乎假設因為火車在移動，我們可能在凶手開槍射殺售票員前，就先看到售票員中槍。無意冒犯，但我必須說這是不可能的，即使在貴國也一樣不可能發生。我相信警方應該要求您要嚴格遵守指導手冊。如果您能查看一下，或許可以找到目前這種情況的相關規定……」

　　教授充滿權威的語氣對警察造成不小影響。他拿出指導手冊，慢慢地一條條檢視。突然他泛紅的大臉上浮現尷尬的微笑。

「沒錯,我好像找到您說的規定了,」警察承認,「是第三十七節第十二款第五條,規定是:『假如可靠觀察指出在犯罪發生之際,嫌犯離犯罪現場的距離為 d,且須花 $\pm cd$ 的時間才能抵達犯罪現場,(c 為自然極限速度),此時嫌犯確實無法犯下罪行,亦可接受其不在場證明。』」

「我真的很抱歉,先生,」警察不自在地對售票員說,「我似乎搞錯了。對不起。」

年輕人看來鬆了一口氣。

警察轉向教授說:「非常感謝您,先生。其實我才剛當上警察沒多久,還在努力記熟這些規定。您真的幫了我大忙,不然我回局裡一定會惹上一堆麻煩。不過不好意思,我得先離開了,我必須去報備這件謀殺案。」

警察開始對無線電報告。就在一分鐘後,湯普金斯先生與教授正跟那位感激的售票員道別,要走回火車上時,警察高聲對他們說:「好消息!他們抓到真正的凶手啦,我同事逮到從車站逃走的嫌犯了。真的謝謝你們!」

他們走回座位上後,湯普金斯先生問道:「這問題可能有點蠢,不過我好像還是沒完全弄懂同時性的概念。如果說同時性在這國家裡沒有意義,這樣講對嗎?」

教授回答:「其實是有意義的,不過程度有限;不然我就沒辦法幫那個售票員做不在場證明了。因為一切物體的移動、一切訊息的傳遞,都受到自然極限速度限制,所以我們一般對『同時性』的理解也不再正確。這麼說好了,假設你有位朋友住在遙遠的他國,你們兩人都會通信聯絡,而國際郵件要花三天才能寄到彼此手中。如果你在星期天發生了某件事,你知道朋友也將發生這件事,但顯然你的通知要

到星期三才能寄到他手上。反之亦然，假如朋友先知道你會碰上這件事，那他通知你的最後期限會是上星期四。可是他無法在三天前先通知你，改變你的命運；而你也無法在星期天發生事情後，即時通知朋友，改變他的命運。從因果關係來看，可以說你與你的朋友之間無法互相影響。」

「如果用電子郵件通知呢？」湯普金斯先生建議。

「現在我為了說明概念，所以假設運送郵件的飛機速度已經是可行的最大速度了。事實上，光速（或其他所有型態的電磁波，例如無線電波）才是最大速度。你傳送訊息或造成影響的速度，都不可能比光速更快。」

「抱歉，我又聽不懂了，」湯普金斯先生說，「這跟同時性有什麼關係嗎？」

「這個嘛，就拿星期天吃午飯當例子好了，」教授說，「你與朋友星期天都要吃午飯。但你們吃飯的時間一樣嗎？是同時吃飯嗎？某位觀察者可能會做出肯定答案。然而從不同火車上觀察的其他人，則可能認定你吃星期天晚飯的時間，跟你朋友吃星期五早餐或星期四午餐的時間相同。重點是，不會有人觀察到你與朋友吃飯的時間間隔超過三天。如果超過三天，那全都互相矛盾了；例如你可以把星期天午餐剩下的餐點，用郵件火車運給你朋友，讓他把這些餐點當成他的星期天午餐。既然你都已經吃完星期天午餐了，那怎麼可能會有觀察者認為你跟朋友是同時享用星期天午餐呢？還有……」

這時他們的對話被打斷了。突如其來的顛簸震醒湯普金斯先生；原來火車已經駛達目的地。湯普金斯先生趕忙收好行李，走下火車去找旅館了。

　　隔天早上，湯普金斯先生下樓吃早餐，他走進旅館的長形玻璃露台後，發現一個驚喜。演講的教授就坐在對面角落的桌子旁！不過這並非奇蹟般的巧合。其實湯普金斯先生到大學拿演講筆記時，在祕書那邊注意到有張告示說下周的演講取消。湯普金斯先生詢問祕書後，得知是因為教授要去度假一周。湯普金斯先生說希望教授能去個悠閒地點度假時，祕書順口提到了教授的度假地點，而且那正好是湯普金斯先生最喜歡的地點之一，雖然他已經好幾年沒去過了。這讓他也想跟教授去一樣的地方。於是湯普金斯先生與教授都來到了同一個海濱小鎮；不過他居然剛好跟教授住在同一家旅館裡，這倒是額外的收穫了。

　　只是湯普金斯先生的注意力不是放在教授身上，而是正在與教授講話的人，那是一位輕裝的女性，雖然不是絕色美女，但也深具魅力，她個子嬌小，舉止高雅，聊天談笑時，修長的雙手隨之舞動。湯普金斯先生猜想那位小姐應該才三十出頭，或許只比他小幾歲而已。他心想，如此年輕的女性，怎麼會喜歡教授那種老態龍鍾的人呢？

　　就在這一刻，那位小姐剛好瞥向他這裡。湯普金斯先生還來不及轉開視線，就很尷尬地讓她發現自己正盯著她看。她對他露出禮貌性的微笑，隨即又轉回教授那裡。不過同時教授也跟著她的眼神看過來，這會兒換教授在仔細端詳他了。教授與湯普金斯先生四目交接時，教授略帶疑惑地快速朝他點了個頭，感覺像在說：「我是不是在哪裡見過你？」

　　湯普金斯先生覺得自己最好過去自我介紹一下。雖然要做兩次自我介紹感覺很怪，不過他也知道昨天在火車上的相遇只是夢境而已。教授熱情地邀請他過去同坐，加入他們。

　　「這位是我女兒，慕德。」他說。

「你的女兒！」湯普金斯先生驚訝地說，「原來如此。」

「有什麼不對嗎？」教授問。

「沒有，沒有，」湯普金斯先生結結巴巴地說，「沒有。當然沒有。很高興認識妳，慕德。」

慕德微笑伸手與他握手。他們坐定點完早餐後，教授詢問湯普金斯先生說：「那麼，你對彎曲空間有什麼心得嗎？就是上場演講的……」

「爸！」慕德低聲打斷他。不過教授假裝沒聽到。湯普金斯先生只好又一次道歉說自己錯過演講。不過教授聽到他特地跑去拿演講筆記，試圖跟上進度時，也覺得大為感動。

「太好了，你很有熱忱，」教授說，「等我們厭倦整天躺在海邊無所事事的時候，我可以來幫你上上課。」

很高興認識妳，慕德

「爸！」慕德生氣地說，「我們不是來這裡上課的，你應該整周都要忘記那些事才對。」

教授笑了起來。「她每次都罵我，」教授說，一邊慈愛地輕拍女兒的手，「是她提議出來度假的。」

「也是你醫生的建議，記得嗎？」慕德提醒教授。

「呃，總之第一場演講讓我獲益良多。」湯普金斯先生說。他邊笑邊描述自己夢到的相對論國度，街道在裡面看來都縮水了，時間延緩的結果也變得非常明顯等等。

「你看，我不是每次都這樣跟你說？」慕德對她爸爸說，「如果演講聽眾是一般大眾的話，你就**必須**說得更具體一點。大家必須能把你說明的效果與日常生活相連結。我覺得你可以把相對論國度也加到演講裡，跟湯普金斯先生學學吧，你的演講太抽象了，太……**太學術**了。」

「太學術，」教授咯咯笑著重複她的話，「她每次都這樣說。」

「你**的確**很學術。」

「好吧，好吧，」教授退讓了，「我會考慮一下。」不過教授對湯普金斯先生補充說明：「我得提醒你，剛剛的夢不對。即使速限低到只有時速三十公里左右，你還是不會**看到**騎過去的腳踏車變短。」

「不會嗎？」湯普金斯先生滿臉困惑地問。

「不會像夢一樣，不可能。因為你用眼睛看到的景象，或是用照相機拍下的照片畫面，全都是靠在**同一瞬間**抵達眼睛或鏡片的光線來決定。例如腳踏車後部的光線朝你行進的距離，比腳踏車前部光線的行進距離更遠，那麼腳踏車兩端的光線同時抵達你眼前時，這兩道光線一定是分別在不同時間發射的，也就是當腳踏車在不同位置時發射的。當腳踏車沿路前進時，後方光線一定是從當時腳踏車後部所在的

位置發射，而且看起來也會是從那個位置發射……」

　　湯普金斯先生聽不太懂，於是教授暫停說明，他想了一下，聳了聳肩。

　　「其實這只是個小概念。固定不變的光速會扭曲你看到的景象。在相對論國度裡，你實際看到的腳踏車會是**彎曲**的！」

　　「彎曲？」湯普金斯先生高聲說。

　　「對，結果會是如此。腳踏車看來變彎了，而不是縮短了。當你檢視原始觀察結果，假設是你拍到的照片資料好了，你得把光線抵達照片不同位置時所需的不同行進時間也納入考量，接著再加以計算（請注意，是用**計算**的，而不是用肉眼看），這時候你才能做出結論，表示照片中的腳踏車一定是縮短了。」

　　「你又開始了。學術的吹毛求疵。」慕德插嘴。

　　「**吹毛求疵**？」教授也生氣了，「我才不是在……」

　　「我要回房間一趟，我得去拿素描本，」慕德表示，「就讓你們兩人好好聊吧。午餐的時候見。」

　　慕德離開後，湯普金斯先生說：「我猜她挺喜歡畫畫吧？」

　　「挺喜歡嗎……」教授警告般地看了他一眼，「我可不想讓她聽見你這樣說。慕德是畫家，職業畫家。她靠自己的努力，已經小有名氣了。不是每個人都能在龐德街的藝廊辦回顧展。上個月的『時代』雜誌還有她的介紹。」

　　「真的嗎？」湯普金斯先生很驚訝，「你一定感到很驕傲吧！」

　　「當然，最後一切都變得很不錯，**非常**不錯。」

　　「最後？為什麼會這樣說……」

　　「這個嘛，其實也沒什麼，只是我本來對她的期許並不在此。慕德曾經可能成為物理學家，她非常傑出，大學的數學與物理都是全學

年第一。可是她突然放棄一切，就那樣……」教授的聲音逐漸轉弱。

　　教授重新打起精神，繼續說：「不過就像我剛剛說的，慕德現在很成功，過得也很快樂，我覺得這樣就夠了。」他看向餐廳窗外。「要不要跟我一起到外邊去？我們可以趕在還有空位前，找到兩張碼頭畔的椅子坐，還有……」他確定慕德不在附近後，又偷偷補充：「可以聊聊我的本行。」

　　他們走向海灘，找了個安靜地點坐下來。

　　教授開口說道：「那麼來討論彎曲空間吧。最簡單的方式是想像一個平面，例如地球表面的二度平面。假設某位石油大亨決定要在美國各地平均設置加油站。他的公司位於美國中部的某城市，例如堪薩斯市好了，他將任務交給公司人員，由員工負責計算以總公司所在城市為圓心時，某一半徑內應設置的加油站數量為多少，接著是兩倍半徑、三倍半徑內的數量，以此類推。石油大亨記得以前上課學過，圓形面積與半徑平方成正比，因此他認為平均設置加油站時，加油站數量應該呈級數，也就是如一、四、九、十六等等。但當拿到報告後，大亨意外發現加油站實際增加的數量，比他預估的更少，例如實際數量是呈一、三・九、八・六、十四・七等等。『怎麼會這樣？』大亨說，『那些經理似乎不知道該怎麼做。以堪薩斯為中心向外設置加油站有這麼難嗎？』但是，請問大亨的結論正確嗎？」

　　「聽起來很合理呀。」湯普金斯先生同意。

　　「其實他是錯的，」教授宣布，「他忘記地球表面不是平面，而是球面。當半徑增加時，球面面積增加的大小，會比平面時增加的面積更少。例如那顆球。」教授指向旁邊的女孩，她正跟爸爸在玩海灘球。「假設那個球體上標示了北極。如果將北極當成中心點，以二分之一的子午線長度為半徑，畫出一個圓作為赤道，赤道以北的範圍就

是北半球。將半徑乘以二時，就可包含進整個地球的表面積；然而這時在平面上增加的面積將是四倍，現在卻只有二倍而已，這都是因為地球表面呈正曲率。目前為止還懂嗎？」

「我懂，」湯普金斯先生說，「但為什麼說『正曲率』？難道還有『負曲率』嗎？」

「那當然。」教授轉頭看海灘，想找個例子說明。「有了！那就是負曲率的例子。」教授說，他指向某個男孩騎的驢子。「那個馬鞍，驢子身上的鞍是負曲率曲面。」

「馬鞍？」湯普金斯先生重複。

「對，如果拿地球表面來說，就像兩座山之間的鞍部一樣。假設有位植物學家住在鞍部的登山小屋裡，他想知道小屋周遭松樹生長的

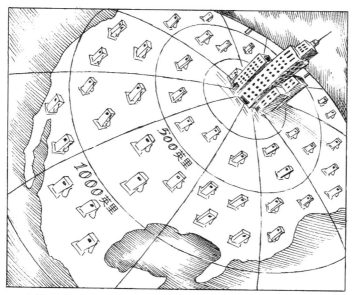

以堪薩斯市為中心，向外設置加油站

密度為何。如果他以小屋為中心，分別根據一百公尺、二百公尺這樣的等差距離向外延伸，計算每個範圍內的松樹數量時，植物學家會發現松樹數量增加的數量比用距離平方計算時**更大**，這與球體正好相反。以馬鞍面來說，相同半徑所涵蓋的面積，會大於平面的面積。我們稱這種表面為擁有負曲率。如果要把馬鞍面在平面上攤開的話，就須要把多出的面積摺起來；如果想在平面上攤開球面的話，要不就是球面必須有彈性，要不就是得把球面撕開才可以鋪滿平面。」

「我懂了。」湯普金斯先生說。

教授繼續說：「馬鞍面還有一項特性。球面表面積是固定的（$4\pi r^2$），因為球面是封閉的。然而馬鞍面就不同了，原則上馬鞍面是無限地往四面八方延伸，它是『開放』表面，而不是『封閉』表面。當然，在我剛剛舉的例子裡，你只要一走出周遭的山頭，地表面就不再呈現負曲率；而且越過山頭後，你將會進入地球上的正曲率曲面。不過，我想你一定可以想像一片無限延伸的負曲率曲面吧。」

湯普金斯先生說：「我知道了。不過請問一下，雖然你剛剛說明的內容很詳盡，但為什麼要跟我說這些呢？」

「嗯，因為這項概念不只適用剛剛討論的二度『空間』或表面上，也可套用到三度空間裡。三度空間可以是彎曲的。」

「可是要怎麼……」

「一樣的道理，利用剛剛的做法就好。假設在三度空間裡有均勻分布的物體；現在不只是在地表的二度空間設置加油站而已囉。三度空間裡的物體可能是星體，更好的例子是星系（眾多星體聚集在一起運轉，組成了星系，在太空裡各處都有），或者星系團也行。假設星系團基本為平均分布，每個星系團相隔的距離都是一樣的。現在請以你自己為中心，向外計算不同範圍內的星系團數量。如果數量與距離

立方呈正比，太空的曲率就是平的。相信你一定知道根據歐氏幾何定
義，球體體積與其半徑立方呈正比吧？」

　湯普金斯先生點點頭。

　教授繼續說明：「好，那麼假設星系團數量增加的數量，真的與
半徑立方呈正比，那太空就是『平』的，完全符合歐式幾何。但假如
星系團增加數量比較少或比較多的話，太空的曲率就可能為正曲率或
負曲率。」

位於鞍部的登山小屋

「你的意思是說，假如太空呈正曲率，相同距離的體積會比較小，負曲率時的體積則會比較大嗎？」湯普金斯先生大膽地問道。

「沒錯。」教授微笑回答。

「若我們身處的這個太空呈正曲率，那顆海灘球的體積就不會等於 $\frac{3}{4}\pi r^3$，而是比 $\frac{3}{4}\pi r^3$ 更小的體積囉？」

「你說的沒錯。如果是負曲率的話，體積就會更大。不過補充一點，以那麼小的球體來說，兩種體積出現的差異也很微小，你無法察覺其中的差別。只有計算遙遠距離時，才能感受到其中差異，例如天文學的計算；這也是為什麼我剛剛提到散布在宇宙間的星系團距離了。」教授說。

「太奇怪了。」湯普金斯先生喃喃自語。

「對，」教授表示贊同，「不過還沒說完呢。假如曲率是負的，三度空間就會無限延伸，跟二度空間的馬鞍面一樣。另一方面，假如是正曲率的話，就代表三度空間的太空是封閉的有限空間了。」

「這有什麼涵義嗎？」

「有什麼涵義嗎？」教授思考了一會兒，「例如，假設你在北極坐上一艘垂直發射的火箭，火箭往同一方向直線前進，最後你就會從反方向飛回地球，降落在南極上。」

「這不可能吧！」湯普金斯先生高聲說。

「假如有個探險家想繞行地球，他以為地球是平的，於是一直朝正西方走；他深信自己會離起點愈來愈遠，結果卻發現自己從東邊走回出發的地方，對他來說，這不是一樣不可能發生的事嗎？而且還有……」

「別再說『**還有**』了！」湯普金斯先生抗議，他的腦袋已經一團混亂了。

「宇宙正在擴張，」教授無視他的抗議，繼續說道，「我剛剛提到的星系團正在遠離我們。星系團離開的距離愈遠，離開的速度就愈快。這是因為『宇宙大霹靂』，我想你應該聽過吧？」

湯普金斯先生點了個頭，心想不知道慕德跑去哪裡了。

「好極了，」教授又開始說，「那就是宇宙的起源。萬物都是從發生大爆炸的一個點誕生的。在宇宙大霹靂發生前，什麼都沒有，沒有太空、沒有時間、全然皆無。宇宙大霹靂之後，**一切**才開始。星系團現在依然受到大爆炸的餘波影響，因此都在向外遠離。不過遠離速度**正在**轉慢，因為星系團間會受到彼此重力的牽引。關鍵在於星系團遠離的速度是否快到足以逃出重力帶來的拉力，若可以脫離拉力的話，宇宙將永遠持續擴張；不然的話，星系團某天將停止向外遠離，接著星系會因重力吸引而聚集到一起，導致發生『大崩墜』。」

「發生大崩墜的話會怎麼樣？」湯普金斯先生問，這下子他又開始感興趣了。

「可能就是**那樣**了，一切全都結束。宇宙不再存在。或者也可能反彈，發生『宇宙大反彈』現象。這時宇宙狀態會來回重複：先擴張，再收縮，接著又再度擴張，以此類推，就這樣持續不斷地重複。」

「那情況究竟會如何呢？宇宙到底是會永遠擴張，還是某天會發生大崩墜呢？」湯普金斯先生問。

「很難說。這都要看宇宙內的物質多寡，也就是要看有多少物質能帶來重力，減緩遠離的速度。現在的情況似乎是處於完美的平衡狀態。目前物質的平均密度接近所謂的**臨界值**，也就是區分兩種狀態的數值。我們之所以無法判斷宇宙的未來，是因為我們現在了解宇宙內大部分的物質都不會發光；大部分的宇宙物質跟恆星裡的物質不同，

都是不發光的。我們稱之為『**暗物質**』，因為是黑暗的，所以非常難觀測。但我們知道暗物質占有宇宙物質的百分之九十九，因此才使宇宙整體密度接近臨界值。」

「真可惜，我好想知道宇宙到底會怎麼樣，」湯普金斯先生表示，「現在的密度是難以判斷的臨界值，真是太倒楣了。」

「這個嘛……你說的對，但是也不對。宇宙密度也可以是其他很多可能的數值，可是現在卻偏偏如此接近臨界值，這讓大家猜測其中一定有什麼隱含的原因。很多人認為在宇宙大霹靂發生的初期，一定出現了某種機制運作，因此自動導致宇宙密度呈現現在的數值。換句話說，宇宙密度會接近臨界值絕對不是巧合，也絕對不是偶然；實際上，宇宙密度**必須**是臨界值。其實我們似乎知道是什麼機制在背後運作，這名為**暴漲理論**……」

「爸，你很囉唆耶！」

慕德的出現讓兩個男人嚇一大跳。當他們在熱中討論時，慕德從他們身後接近。「別說了吧。」她說。

「再一下下。」教授堅持。他又轉頭對湯普金斯先生繼續說：「在遭到某人粗魯打斷前，我正要說剛剛討論的一切全都彼此相關。如果有足夠物質造成大崩墜，就足以使宇宙呈現正曲率，這時宇宙將是體積固定的封閉空間。相反地，如果物質不夠……」教授停了下來，作勢要湯普金斯先生繼續說下去。

「呃，如果像你說的物質不夠……呃……」湯普金斯先生覺得非常尷尬。這感覺不只是因為他得在老師面前班門弄斧，而且一想到慕德也在專心聽，他就覺得更痛苦了。「這個，如果物質不夠多，讓密度不夠達到臨界值，宇宙就會永遠無限擴張……然後……我想，就會變成負曲率？然後，宇宙就會變得無限大嗎……？」

「太棒了！」教授高喊，「你真是個好學生！」

「對，很厲害，」慕德也同意，「不過我們都知道密度應該是臨界值，所以宇宙的擴張最後還是會停止，不過那要等到非常、非常遙遠的未來了。這我以前就聽過了。你要不要一起游泳？」

湯普金斯先生隔了一會兒才發現慕德是在問他。「我？妳是問我要不要游泳嗎？」

「拜託，你不會以為我在問**他**吧？」慕德笑了。

「可是我還沒換泳衣。我得先回去拿我的泳褲才行。」

「當然，相信你游泳時是該穿**泳裝**的。」慕德擺出很了解的樣子說道。

第四章
彎曲空間的演講筆記

各位女士、先生，晚安：

今天我要講的題目是彎曲空間，還有彎曲空間與重力現象的關係。

想像一條彎曲線條或一片彎曲平面很容易。但剛剛說的彎曲空間，也就是彎曲的**三度**空間，是什麼意思呢？顯然我們很難想像彎曲的三度空間看起來是什麼樣子。若要想像出彎曲空間的模樣，觀察者必須要從所謂的「外界」觀察，也就是從另一個維度觀察；就像我們在看彎曲的二度平面時，也是藉由想像二度平面往第三維度延伸的樣子，才看出它是彎曲的。但是我們還可用另一種方式檢視曲度，這種方式不用依賴視覺，而是用數學計算。

首先我們從二度平面開始。假如在某一表面上畫一個幾何圖形，這個圖形的特性跟二度平面的幾何圖形特性不同時，數學家就稱前者的表面為曲面。根據曲面與古典的歐氏幾何原理間的差距，即可計算出曲面的曲率。例如在一張平面紙上畫一個三角形，三角形的內角和會等於一百八十度（這在小學的數學課就學過了）。你可以把紙捲成圓筒狀、圓錐狀或其他更複雜的形狀，但上面的三角形內角和依然等於一百八十度。因此紙表面的幾何特性，並不會因紙張變形而改變。從曲面的「內部」來看（即**內在**曲率），變形的紙張表面依然是平坦的平面，雖然我們一般會稱紙張已經「彎曲」了。

可是，我們無法讓這張紙完全符合球面或鞍面的表面，除非壓摺這張紙，或把紙扯大，才能辦到，這是由於球體等立體物體表面的基本幾何特性跟二度平面的特性不同。就拿球體上的三角形來說吧。要在球面上畫出三角形，需要三條跟「直線」一樣的線條。因此我們採取與平面相同的定義，把曲面上的「直線」也定義為兩點間的最短距離，這時的「直線」是大圓的圓弧。「大圓」是指球體表面與通過球心的平面相交而成的圓（例如地球的經線就是大圓）。如果你要用大圓圓弧畫三角形，那歐氏幾何的單純定律將不再適用。例如以地球北半球的兩條經線與兩條經線間的赤道所畫出的三角形，其底角將會是兩個直角，頂角則為任意角，因此內角和顯然超過一百八十度。

另一方面，如果在鞍面上畫三角形，你將會發現其內角和永遠**小於**一百八十度。

因此，若想判斷某表面的曲率，我們得研究其**幾何性質**。光從外界觀察可能帶來誤解，因為如果用看的，我們可能以為圓筒表面與球面是一樣的表面；然而就像剛剛講的，圓筒表面其實等於二度平面，而球面才是有**內部曲率**的曲面。記住這個嚴格的數學曲面定義之後，大家應該能輕鬆了解物理學家在討論我們居住的三度空間是否彎曲時的意思了。我們毋須到三度空間的「外面」，去觀察三度空間「看起來」是不是彎曲的；我們只要待在三度空間裡進行實驗，檢視歐氏幾何的一般定律是否為真就夠了。

但你可能會想，有什麼理由讓我們認為三度空間的幾何特性與歐氏幾何的「常識」不同呢？為了讓大家了解幾何特性確實與實質環境相關，現在請想像有一個圓形的大平台，這個圓台以圓心為圓軸等速旋轉，就像餐桌的圓轉盤一樣。假設我們沿著圓台的某條直徑，以頭尾相接的方式排列許多把小直尺；另外也沿著圓台的圓周排放直尺，

形成一個圓。

　　現在有一位觀察者 A，他在放置圓台的房間裡是相對靜止不動的；圓台旋轉時，觀察者 A 會看到圓周上的直尺在行進方向的長度縮短，即出現了長度收縮現象（第一場演講已經學過了）。因此此時排出圓形所須的直尺數量，會比圓台靜止時需要的實際數量**更多**。不過，沿著直徑排放的直尺方向正好與行進方向成直角，所以不會出現長度短縮現象。因此無論圓台的運動狀態為何，排出直徑所需的直尺數量都保持不變。

　　這時圓台的圓周長 C（以所需的直尺數量來看）會比一般情況下的 $2\pi r$ 更大（r 為圓台半徑）。

用許多直尺排成一個圓

　　根據以上說明，可發現對觀察者 A 來說，圓台轉動時，圓周直尺的長度縮短是非常合理的。但假如有位觀察者 B 站在圓台的圓心上，跟圓台一起旋轉的話，她會覺得如何呢？觀察者 B 會觀察到什麼？她看到的直尺數量與觀察者 A 相同，因此 B 可能也認為圓周與半徑的比例不符合歐氏幾何。但若這個圓台本身是沒有窗戶的密閉房間，導致觀察者 B 無法察覺平台在運動的話，她該如何解釋自己觀察到的奇怪幾何特性呢？

　　觀察者 B 可能無法察覺平台在轉動，但她會發現周遭環境不太對勁，像是擺放在平台不同位置的物體並未保持靜止。這些物體會加速遠離圓心，加速度則與物體距離圓心的遠近有關，換句話說，物體似乎受到某種力量（離心力）影響。這個奇怪的力量讓位於不同位置的所有物體，都以相同加速度遠離中心點，而且不管質量大小為何，加速度都一模一樣。換句話說，這股「力」似乎會根據物體質量來自動調整力量的強度，因此可根據物體位置產生對應的加速特性。觀察者 B 依此做出結論，她認為周遭環境與歐氏幾何不相符的原因，一定多少跟這股「力」有關。

　　不只如此，請再想像光線走的路徑；靜止的觀察者 A 認為光全以直線前進。假設有一光線越過旋轉圓台的表面，雖然在觀察者 A 眼中，光線是持續以直線前進，但光線在旋轉圓台上留下的路徑卻**不是**直線；這是因為光線需要花一段時間才能越過圓台，在這段期間，圓台也旋轉了某個角度（這很像用利刃在旋轉圓盤上畫直線，此時圓盤表面畫出的線條不是直線，而是曲線）。所以，站在旋轉圓台中心點的觀察者 B，會發現光線穿越時的路徑呈彎曲狀，而不是直線。因此觀察者 B 認為，這種現象跟剛才圓周與半徑比例不符的現象一樣，都是受到一股怪「力」的影響，全都是因為這股「力」，才使她周遭環

境的實質狀態變得如此奇特。

　　這股「力」不只會影響光線路徑等幾何特性，而且也會影響時間的長短。我們可以用放在旋轉平台圓周上的時鐘來說明。觀察者 B 會認為圓周上的時鐘時間比放在圓心上的時鐘更慢。在靜止不動的觀察者 A 眼中，這種現象是再清楚不過了。觀察者 A 會看到圓周上的時鐘隨圓台轉動而移動，因此與位於圓心不動的時鐘相比，圓周上的時鐘時間會延緩。可是因為觀察者 B 不知道圓台在轉動，她只能把這現象又歸因於那股奇怪「力量」。因此，我們可發現實際環境的確會對幾何特性與時間長短帶來影響。

　　現在換一個不同的物理環境，一個跟地球表面相似的環境。地球表面上所有物體都受到地球重力影響，重力會把物體牽引向地球中心點。這很像是剛才在旋轉平台上，所有物體都會因離心力而向圓周靠近一樣。而且讓這兩種情境更像的是，無論物體質量大小為何，物體的加速度都維持不變，唯一會影響加速度的是物體位置。接下來的例子可以更清楚說明重力與加速度運動間的相關性。

　　假設有一艘太空船在太空中自由漂浮，因為太空船離其他所有星體的距離都夠遠，因此太空船內部沒有重力，裡面所有物體都沒有重量，可以自由漂浮，連搭乘太空船的太空人都不例外。現在太空船的引擎發動了，太空船有了行進速度，那麼內部會怎麼樣呢？顯然只要太空船持續加速，裡面所有物體就會朝太空船底部移動，我們暫且先把底部稱為「地板」。換個話說，地板會朝物體逼近。例如太空人手中拿了顆蘋果，他一放手，蘋果就會以等速移動（相對於周圍的星體移動），這個速度其實是放開蘋果時的太空船行進速度。但因為太空船在加速，所以地板也會加速移動，最後地板將趕上蘋果，並且撞上蘋果。蘋果從這一刻起將永遠維持貼著地板的狀態，因為蘋果受到了

穩定加速運動的壓力。

　　不過，坐在太空船裡的太空人卻會覺得這顆蘋果以某一加速度「掉落」，掉到地面上後，蘋果則因本身具有的「重量」而貼在地上。如果太空人再拿出其他物體，使其落下，他將發現所有物體掉落的加速度都完全相同（先忽略空氣阻力），這讓太空人想起伽利略從比薩斜塔上丟下球後發現的自由落體定律。**事實上，太空人將發現，加速度運動的太空艙跟一般的重力現象差不多。**如果太空人願意的話，他也可以在太空艙裡放一個有鐘擺的鐘，在架子上放置書本，反正書也不會漂走；他還可以用釘子釘一幅畫在牆上，或許這幅畫是愛因斯坦的畫像；愛因斯坦是第一位指出座標系中的加速運動現象跟重力場造成的現象其實一模一樣的人。愛因斯坦根據這個單純的基礎概念，發展出**「廣義相對論」**。我上場演講的內容是他的**「狹義相對論」**，也就是等速運動對空間與時間會帶來何種影響；廣義相對論則是將重力對時間、空間的影響也納入考量。愛因斯坦解釋的方式跟我剛剛說的一樣：重力與**加速度**運動的效果是一樣的。

　　以光線來說好了。剛才也說過，當平台旋轉產生離心加速度時，光線的行進路徑看來是彎曲的；光線穿越加速行進的太空船時也會出現一樣的結果。此時外部觀察者看到的光線依然以直線移動，光線從一側的牆面起點出發，以直線路徑抵達對面牆上的終點。如果太空船是靜止的，光線將直線抵達對面的終點。可是在光線穿越太空艙的同時，太空船正以加速度移動，因此對面的牆也會移動；這讓光線抵達的終點比原先預期的更偏後方，變成在較接近太空艙「地板」的一點。太空人的觀察結果也差不多：原本正對著對面發出的光線，最後卻抵達了更接近太空艙「地板」的終點。所以在太空人眼中，光線的路徑是**彎曲**的，而且是朝「地板」「落下」。此外太空人還會發現自

光線穿越加速運動的太空船

已熟知的幾何定律有錯，因為他以三條光線畫成的三角形內角和不等於一百八十度，圓形圓周與其半徑的比例也不等於2π。

現在要進入最重要的問題了。我們剛剛已經發現在加速運動的座標系中，會「落下」的不只是物體，連光線也會沿著彎曲路徑「落下」。我們能因此根據等效原理作出結論，說光線會因**重力**影響而偏折嗎？

為了要測量光線在重力場的期待曲率，我們必須考慮加速運動的太空船中將出現多大的曲率。假設l是穿越太空艙的距離，那麼光線穿越太空艙的時間t就等於：

$$t = \frac{l}{c}$$
方程式（5）

太空船在這段時間裡會以加速度g移動，其行經的距離L可用下列基本力學的方程式計算：

$$L = \frac{1}{2}gt^2 = \frac{1}{2}g\frac{l^2}{c^2}$$
方程式（6）

因此光線改變方向的角度為：

$$\phi = \frac{L}{l} = \frac{1}{2}gl/c^2$$
方程式（7）

其中角度ϕ的單位為弧度（一弧度約等於五十七度）。當光線在重力場裡移動的距離l愈大，ϕ也會愈大。這裡太空船的加速度g當然就視為重力加速度。如果我發出一道光穿越演講廳，此時l約等於十公尺。地球表面的重力加速度為9.81m/s^2，因此

$c = 3 \times 10^8$ m/s，因此我們得到

$\phi = \frac{1}{2}(9.81 \times 10)/(3 \times 10^8)^2 = 5 \times 10^{-16}$ 弧度

  $= 10^{-10}$ 角秒   方程式（8）

　　你可以發現在上述情況裡，我們絕對無法觀察到光線曲率。不過假如換到太陽表面附近的話，那裡的 g 為 270m/s^2，光線穿越太陽重力場的總距離也很長。精確計算後的結果顯示，光線穿越太陽表面時的偏差值為一‧七五弧度。天文學家在日全蝕時，觀察太陽邊緣附近的星體所得的星體視位置，與該年太陽在夜晚不同時間、不同位置時的星體視位置，這兩者視位置間出現的移位，正好就等於一‧七五弧度。不過由於天文學的進步，因此現在天文學家可利用具強烈放射性質的星系，即**類星體**所釋放的無線電波來進行觀察，所以我們根本不用等待日蝕了；無線電波從類星體出發後穿越太陽邊緣，即使在大白天也可輕易觀測到。這些觀察結果讓我們可精確測量光線的偏折。

　　我們依此做出了結論：加速運動系統內的光線偏折現象，的確等於在重力場內的光線偏折現象。可是觀察者 B 在旋轉圓台上看到的其他奇怪現象，又做何解釋呢？例如觀察者 B 站在圓心上，會看到位於遠處圓台邊緣的時鐘走得較慢；那是不是說當我們身處重力場時，在離自己有段距離的位置放一台時鐘後，這台時鐘也走得比較慢呢？換句話說，難道加速度的影響與重力的影響不只是相似而已，其實這兩者的效果根本是一模一樣嗎？

　　想要解決這問題，只能直接實驗；而實驗也證明一般的重力場就可對時間造成影響。假設加速度運動與重力場兩者相等時，能預測到的影響效果非常微小，因此一直要等到科學家刻意針對這些影響進行研究後，才發現影響的確存在。

　　透過之前討論的旋轉圓台例子，我們亦可輕鬆估算出時鐘頻率的期待改變值。根據基本力學，若在距中心點距離為 r 處放置一單位質量的粒子，離心力對該粒子的作用力為：

$$F = r\omega^2$$

方程式（9）

方程式裡的 w 為圓台轉動時的等角速度。離心力把粒子從中心點甩向圓周時的總作功為：

$$W = \frac{1}{2} R^2 \omega^2$$

方程式（10）

其中的 R 為圓台半徑。

　　根據之前提到的等效原則，F 等於是圓台上的重力，W 則等於中心點與圓周間的重力位能差。

　　前一場演講也說明過，以速度 v 移動的時鐘，其時間變慢的係數為：

$$\sqrt{\left(1 - \frac{v^2}{c^2}\right)}$$

這項係數可以近估為：

$$1 - \frac{1}{2} \frac{v^2}{c^2} + \cdots$$

如果 v 比 c 小很多，就可以忽略其他數字了。根據角速度的定義 $v = Rw$，因此「變慢係數」等於：

$$1 - \frac{1}{2}\left(\frac{R\omega}{c}\right)^2 = 1 - \frac{W}{c^2}$$

方程式（11）

如此就可計算時鐘位於不同位置時，該位置的重力位能差會對時鐘變慢的程度造成何種影響。

　　假設有一個時鐘放在地上，另一個則放在艾菲爾鐵塔上（高度約為三百公尺），但這兩個時鐘間的位能差非常小，因此地上時鐘的變慢係數僅為〇・九九九九九九九九九九九九九七而已。

　　事實上，龐德與雷巴克曾以實驗證明了這現象，他們證明當原子在二十二・五公尺高的塔頂上時，跟原子在塔底的振動速率的確不同。而且若在飛行的飛機內擺設原子鐘，這台原子鐘走的速度也會比地面上的鐘快；除了因飛機移動造成時間延緩外（狹義相對論），地表時鐘會走得比飛機內的時鐘慢，也是因為這兩者間存在重力位能差。

　　不過，假如把太陽的強大重力也納入討論範圍內，我們將可發現更強烈的影響。地球表面與太陽表面的重力位能差非常大，所以時間變慢的係數為〇・九九九九九九五，因此測量不但比較容易，也讓科學家首度證實了前述概念為真。當然，不可能有人能在太陽表面上放一台普通時鐘看著它走！物理學家有更好的辦法。我們可用分光鏡觀察太陽表面不同原子的振動周期，然後在實驗室裡用本生燈的火焰燃燒相同的原子後，將實驗室原子的振動周期與太陽上的原子做比較。由於方程式（11）的變慢係數使然，太陽表面的原子振動周期應該比較慢。因此若與地球相比，太陽表面原子所放出或吸收的光線頻率都比較低；也就是說，太陽表面原子的光線頻率會偏向光譜紅色的那一端。科學家已經在太陽與其他數顆星體上，發現了這種「**重力紅移**」

現象，所有觀察結果都與理論方程式的計算結果相符。實驗結果顯示，由於太陽與地球間存在重力位能差，因此太陽上發生的動作的確會比地球上更慢一些。

　　以上觀察也說明了加速度運動帶來的影響跟重力帶來的影響一樣。現在記住這一點後，讓我們再回到彎曲空間吧。

　　大家都記得剛剛的結論是在加速度運動的座標系裡，其幾何特性會與歐氏幾何不同，這種空間就是彎曲空間。由於重力場的影響跟座標系加速運動時的效果一樣，因此所有存在重力場的空間，都應該是彎曲空間。或者還可以更進一步地說，**重力場只是以實質方式證明空間是彎曲的。**

　　我們都知道當有質量的物體集聚在一起時，就會產生重力。所以根據物體的分布位置，即可算出每一點的空間曲率為何；在重物的附近時，空間曲率也會達到最大值。我們可用一套複雜的數學算式計算彎曲空間的特性，以及物體分布位置所帶來的影響，可惜在此我無法深入說明。我只想說，一般決定曲率的數值不只一項，其實總共有十項，也就是構成重力位能差的 $g_{\mu\nu}$，這些數值也代表剛才古典物理的重力位能差，也就是方程式（10）算出的結果 W。因此，每一點的曲率都要用十種不同曲率半徑來計算，通常寫為 $R_{\mu\nu}$。愛因斯坦用了一個基本公式說明這些曲率半徑跟物體分布位置間的關係：

$$R_{\mu\nu} - \tfrac{1}{2}\, g_{\mu\nu} R = -8\pi G T_{\mu\nu} \qquad\qquad \text{方程式（12）}$$

此處的 R 是另一種曲率，來源項 $T_{\mu\nu}$（代表產生曲率的**原因**）會根據物體造成之重力場的密度、速度與其他性質而改變。G 則是我們熟知的重力常數。

　　科學家已經驗證了上述等式為真，例如研究水星的移動即可證明。水星是最靠近太陽的行星，因此水星運行軌道也最容易受到愛因斯坦方程式的各個細項影響。科學家發現水星軌道的近日點（即水星在橢圓軌道上運轉時，最靠近太陽的一點）並非位於太空中的固定位置。每當水星在運行軌道上轉彎時，近日點就會根據太陽位置有系統地變動。造成這種歲差的部分原因，是由於其他行星重力場的擾亂；另外也可能因為水星移動時，質量也會像狹義相對論的理論一樣增加。可是還剩下每世紀四十三角秒的微小差異值，無法歸納到古典牛頓重力學說裡，但這微小差異卻可在廣義相對論裡找到解釋。

　　觀察水星所得的結果，與我之前提到的其他實驗結果，都證明了廣義相對論最能夠解釋宇宙裡的實際重力理論。

　　在演講結束前，我想再指出方程式（12）裡的兩個有趣結果。

　　請想像在太空裡均勻分布著各種物體，例如像我們的太空中散布著星體、星系與星系團，那麼除了在各個星體或星系旁會出現特定的高度曲率外，整片太空也應該有**整體的**曲率存在，因為太空裡所有物體造成的影響都會加總在一起；因此以大範圍來說，太空應該擁有某種一般性的曲率。科學家用數學計算出了各種不同結果。某些結果顯示太空最終將自我封閉，因此太空的體積固定，有點像是球體一樣。其他計算結果則顯示太空雖然是彎曲空間，曲率卻不足以造成封閉，所以太空是無限大的，沒有邊界；這就跟我在演講開頭提到的馬鞍面很像了。

　　方程式（12）的另一項重要結果，則是彎曲空間會維持穩定膨脹或穩定收縮的狀態。也就是說，實際上空間中的粒子（如星系團）應該會不斷遠離彼此，或者也可能正好相反，粒子會彼此逐漸接近。此外，如果太空是體積固定的封閉空間，那在膨脹階段後將出現收縮

（接下來可能又開始膨脹，接著再度收縮，因此形成振盪宇宙）。另一方面，假如太空是無限膨脹的「鞍面」太空，那麼宇宙就會永遠膨脹下去。

　　我們居住的宇宙到底符合前面哪一項計算結果呢？這問題目前尚無定論。我們只能進行實驗，觀察星系團的移動（以及星系團速度變慢的比例）；或者將目前宇宙裡存在的所有質量皆納入考量，計算最後會帶來多大的減緩效果。直到今天，天文觀測所得到的證據還不明確，雖然目前宇宙的確在持續膨脹，但最後到底會不會進入收縮階段呢（由此也可判斷太空的體積是否固定）？現在我們還找不到答案。

第五章
湯普金斯先生拜訪封閉的宇宙

　　那晚在海濱旅館時，教授與他女兒不斷在熱烈討論，他們天南地北地聊著宇宙與藝術；湯普金斯先生盡可能加入他們的話題，不過他大多數時間都只是很開心地看和聽而已。他覺得慕德非常迷人，慕德是他從沒看過的女孩。可是湯普金斯先生漸漸覺得睏了，於是他找了個藉口離開。上樓回到房間後，他馬上換好睡衣躺到床上，用毯子蓋住了頭。湯普金斯先生腦海一片混亂，累得不得了。

　　他躺在床上時，腦海裡不斷想著封閉宇宙；其實湯普金斯先生感興趣的是封閉宇宙。在封閉宇宙裡，如果你從北極出發，直線前進的話，最後就會抵達南極。至少這種宇宙的體積是固定的（他無法清楚想像體積無限大的開放宇宙是什麼樣子）。當然，教授有充分理由認為宇宙裡的物質密度為臨界密度，所以也沒辦法像封閉宇宙一樣能從北極走到南極；宇宙只會繼續擴張，不會開始收縮，也不會出現宇宙大崩墜。但如果教授的想法是錯的呢？如果宇宙裡的暗物質其實比我們所知的多出更多呢？如果……

　　這時湯普金斯先生突然感到很不舒服，腦子裡的思緒也被打斷了。他覺得很怪，似乎自己不是躺在舒適的彈簧床上，而是躺在某種硬物上。他拉開頭上的毯子，向外面看。結果他嚇了一大跳，因為他現在居然躺在光天化日下的一片石地上，旅館消失了！

　　這塊岩石上覆蓋著青苔，石縫裡還冒出了幾叢小小的矮灌木。幾顆微微閃爍的星星照亮了滿是塵埃的天空。他從來沒看過比這裡灰塵

湯普金斯先生突然感到很不舒服

更多的地方，就連那些拍攝美國中西部的沙塵暴影片都比不上這裡。湯普金斯先生用手帕圍住鼻子，免得吸到灰塵。

但四周除了灰塵外，還有更危險的東西。天上偶爾會飛來跟他的頭一樣大，甚至更大的石塊，猛然墜落在他身旁的地上。他還看到在約十公尺遠的距離外，有一兩塊石頭正在空中飄浮前進。

還有一件奇怪的事，這邊似乎沒有地平線，他怎麼想辦法踮高腳眺望都看不到。湯普金斯先生決定還是先研究一下周遭環境比較好，於是他開始趴著爬行，因為岩地險峻地向下延伸，因此他牢牢抓緊岩石突出的邊緣，深怕自己掉下去。可是他慢慢注意到有些不對勁，雖然他已經向下爬到陡峭的岩壁上，連自己的毯子都看不到了，可是他卻感受不到讓他往下墜的力量，他依然能穩穩留在地表上。這下湯普金斯先生的膽子也大了起來，他繼續向前爬。最後他覺得自己一定已經爬了一百八十度，換句話說，他現在應該位於起點的正下方，可是他似乎還是不會墜落到周遭灰濛濛的空間裡；明明他跟出發時正好上下顛倒才對吧！這時他突然發現自己待的這塊岩石沒有別的東西支撐；所以這岩石是一顆小行星！這顆小小的行星跟他剛剛看到的飄浮岩石一樣。

此刻發生另一件令他更驚喜也更放心的事，因為他差點撞到某個熟悉身影的腿，這個熟悉身影是教授。教授正站在那邊忙著在筆記本裡記東西。

「喔，是你呀，」教授若無其事地看了他一眼，「你在地下做什麼？掉了東西嗎？」

湯普金斯先生尷尬地鬆開手，小心翼翼地站起身。幸好他沒有掉到太空裡，也不覺得會飄進天空中，這讓他放下心中一塊大石。湯普金斯先生慢慢了解情況了，他記得以前上課學過地球是一顆圓形的大

岩石，在太空中繞著太陽自由運轉。地球上的所有物體都受到往地球中心的引力影響，所以不管在地球上的哪個位置，都不用擔心會「墜落」。現在也一樣有一股微弱卻牢固的力量，把湯普金斯先生拉向這顆新「行星」的中心點，不過這顆行星小到人口只有兩人而已。

湯普金斯先生說：「晚安。能看到你真是讓我安心多了。」

教授從筆記本中抬起頭說：「這裡沒有晚上。」他說：「這邊沒有太陽。」說完後他又低頭研究筆記本。

湯普金斯先生覺得很不自在，好不容易在這個宇宙裡發現了唯一一位活生生的人，可是這個人卻一直在忙自己的事！沒想到有顆小隕石幫了他大忙，「碰」的一聲，小隕石狠狠擊中了教授手中的筆記本，筆記本往外向著空中飛去。湯普金斯先生說：「天呀！希望裡面沒有重要的東西，我想這裡的重力似乎沒強到足以讓筆記本掉回來。」他們看著本子繼續飛入宇宙深處，愈來愈小。

教授回答：「別擔心，我們現在身處的太空不會無限擴張。我想你在學校一定學過宇宙是無限大的、兩條平行線永不相交之類的事。但在現在我們身處的這個宇宙裡，情況就不是如此了。我們以前那個正常的宇宙很大，目前大概有10^{20}公里寬，從大部分情況來說，這種大小已經算是無限大了。如果我的本子是在正常宇宙裡飛走，那麼即使假設正常宇宙跟這裡一樣是封閉的，我的本子也可能要過很長一段時間才會飛回來。然而在這裡，情況就不一樣了。剛好在筆記本從我手中飛走前，我已經算出這個宇宙雖然在持續膨脹，不過目前的直徑大概只有約八公里。我想筆記本大概不到半小時後就會飛回來了。」

湯普金斯先生大膽地問：「你是說筆記本會以直線繞行星一周嗎？就像之前說從北極出發的話……」

「……最後會回到南極嗎？沒錯，」教授回答道，「正是這樣。

我的筆記本也是一樣的情況，除非本子半路撞到其他石頭結果偏離軌道。」

「這顆小行星的重力不會把筆記本拉回來嗎？」

「不會，小行星的重力跟這毫無關係。雖然小行星有重力存在，但筆記本還是飛進太空了。來，用望遠鏡看看還看不看得到本子。」

湯普金斯先生拿起望遠鏡放到眼前，雖然灰塵讓景象變得模糊不清，不過他還是依稀看到了筆記本正在飛越遠處的太空。湯普金斯先生有些意外地發現在遙遠的彼端，所有物體看來都泛著粉紅色，連筆記本也不例外。而且不只如此，湯普金斯先生突然興奮地高喊：「你的筆記本已經往回飛了！沒錯，對，筆記本愈變愈大了。」

教授說：「不對，不對，筆記本還是在朝外飛。望遠鏡借我一下。」教授拿回望遠鏡，專注地觀察著。「沒錯，就像我說的一樣，筆記本還在往外飛。你覺得看到的筆記本愈來愈大，**像**在往回飛一樣，那是由於這宇宙空間是封閉球體，因此使光線產生特殊的聚焦效應。」

教授放下望遠鏡，抓了抓灰白的頭髮。「我該怎麼解釋呢……對了，假設我們現在在地球上，請想像你眼前朝地平線發出的水平光線，是可以一直圍繞著球形的地表前進的（例如因為大氣折射而產生這種現象）。此時若有一位運動員離開我們向前跑，無論她跑到多遠的地方，我們還是可以用高倍率的望遠鏡看到她持續前進的樣子。在球體表面上最直的線條是經線；每條經線都從某一極分散出去，可是在穿越赤道後，又全部匯聚到另一極上。如果光線沿著經線前進，當你站在其中一極時，就會看到跑步的運動員愈來愈小，然而當她穿越赤道後，身影又會變得愈來愈大；你看到的運動員似乎正在往回跑，但卻是在倒退著跑。當運動員抵達另一極後，你看到的運動員身影會

與本人一樣大，有如她正站在你面前一樣。但你當然摸不到他，就像你也無法摸到球面鏡的成像一樣。」

教授繼續解釋：「現在我們身處的這個三度宇宙擁有奇怪的彎曲空間，利用剛剛那種光線沿著二度的地球彎曲表面前進的現象，我們即可類推光線在這個三度空間裡會是什麼樣子。我想現在書的影像應該快到了。」

教授語音剛落，筆記本的成像就出現在幾公尺外的不遠處，而且逐近靠近，現在已經大到不用望遠鏡就能看清楚了。但是筆記本的成像看來很怪，輪廓不太清楚，像是褪色一樣，而且封面上的字幾乎都看不清了，有如一張沒對到焦又沒洗好的照片一樣。

「現在你就可以看清楚這只是影像，不是實際的筆記本了，」教授說，「你看，因為光線要穿越半個宇宙抵達這裡，所以影像都嚴重變形。仔細看的話，你會發現可看到書影像後面的其他小行星。」

當「筆記本」快速掠過湯普金斯先生旁邊時，他伸出手想抓住那本筆記本，但他的手卻毫無滯礙地穿過了影像。

教授提醒他：「沒辦法的。筆記本現在已經接近宇宙**對面**的那一極了。我剛剛也說過，你現在看到的只是影像；其實現在有兩個影像，第二個影像在你身後；當這兩個影像短暫交錯之際，就是筆記本抵達對面那一極的時刻。」

湯普金斯先生沒有在聽教授說話，他滿腦子都是基本光學，試圖想起凹面鏡、凸面鏡、凹透鏡、凸透鏡是如何映出物體成像的。等他最後終於放棄的時候，筆記本的兩個影像正開始朝相反方向後退。

「這些怪異的結果都跟宇宙內的物質有關嗎？」湯普金斯先生問道。

「沒錯，我們現在腳下的這個物質，也就是這顆小行星，彎曲了

鄰近的空間，因此我們才能停留在小行星的表面上。但還有一項更重要的因素，那就是這顆小行星的重力與宇宙內其他所有物質的重力全加在一起後，讓整個宇宙變得彎曲，導致產生了透鏡效應。其實廣義相對論是完全不考慮所謂的重力『力量』，只考慮彎曲現象而已。」

「我想問一下，如果沒有宇宙物質存在的話，那以前上課學的幾何定律會為真嗎？平行線永遠不會相交嗎？」

「會是會，不過也不會有實際生物能觀察那些現象了。」教授回答。

他們正在討論的時候，書本的影像再度往之前的方向遠去，然後又開始往回前進。現在影像看來更模糊不清了，幾乎完全認不出來那是筆記本。教授說這是因為光線已經繞過了整個宇宙。

「如果我們到小行星的另一邊……」教授抓起湯普金斯的手臂，拉他往另一邊走了幾公尺，來到小行星的另一側。「在那邊，」教授指著反方向說，「在那邊，看見了嗎？我的筆記本回來了，它快繞完宇宙一圈了。」教授露出勝利的微笑，伸出手接住筆記本，把本子放回口袋裡。「討厭的是這宇宙有太多灰塵和石頭，所以幾乎不可能看到整圈小行星。看到我們旁邊這些輪廓不清的形影嗎？這些應該都是我們自己和周圍物體的影像。但是因為灰塵、彎曲空間的不規則特性，使得這些影像都變形了，害我也分不出來哪個是哪個了。」

「這些效應不會出現在正常的宇宙裡嗎？我是指之前住的那個宇宙裡。」湯普金斯先生問。

「應該不會，假如宇宙密度真的跟我們想的一樣接近臨界值的話，那就不會。但是……」教授兩眼閃閃發光地說，「你也得承認思考這些東西真的很有趣，對吧？」

這時候天空的樣子變了許多。周圍的灰塵似乎減少了，湯普金斯

先生也敢把圍在臉上的手帕拿下來了。從旁邊飛過的小石頭沒有剛剛那麼頻繁，打到地上的力量也減弱不少。而且連旁邊的其他行星看來都變得更遙遠，遠到幾乎看不清楚。

「我覺得現在比較沒那麼可怕了，」湯普金斯先生說出心中感受，「雖然感覺變得好冷。」他拿起毯子包住自己。「你知道為什麼周遭環境改變了嗎？」湯普金斯先生轉頭問教授。

「很簡單，我們這個小宇宙正在擴張，從我們抵達這裡的時候開始，小宇宙的半徑已經從約八公里擴大到約一百六十公里了。我一到這邊就發現遠處物體有紅化現象，因此也發現宇宙正在膨脹。」

「原來如此，我也有注意到遙遠的物體看來都是粉紅色的，」湯普金斯先生說，「可是為什麼這樣就代表宇宙在膨脹呢？」

教授回答：「道理很簡單。聽過救護車的警笛聲吧，你應該有注意到當救護車朝你開來時，警笛聲音聽來比較高；而當救護車從身邊開過去後，警笛聲音就變得比較低。這稱為『都卜勒效應』，音源的速度會對聲音高低（也就是聲音的頻率）造成影響。當空間膨脹時，裡面所有物體都會遠離觀察者，遠離速度則跟物體距觀察者的距離成比例。這些遠離的物體發出的光線頻率較低，從光學上來看就是較紅的光。物體距離愈遠，往外移動的速度也愈快，在我們眼裡也會更紅。我們之前住的那個正常宇宙也正在膨脹，天文學家利用這種泛紅的現象（我們稱之為『**宇宙紅移**』），就能測量遙遠星系的距離。例如離我們最近的一個星系是仙女座星系，它的紅移程度為百分之〇．〇五，代表光線要走八十萬年的距離。目前望遠鏡能看到的最遠星系的紅移程度高達百分之五百，也就是約在一百億光年之外（顧名思義，『光年』等於光線一年可走的距離）。這種光線出現的時候，宇宙的大小還不到現在的五分之一。目前宇宙的膨脹率約為一年增加百

分之○‧○○○○○○○一；但我們現在身處的小宇宙膨脹速度快很多，大概一分鐘膨脹百分之一。」

「這個小宇宙的膨脹會停止嗎？」湯普金斯先生問。

「當然會，」教授說道，「我在演講裡也提到過，這種封閉宇宙最終將會停止，接著進入收縮階段。以現在這個宇宙的小體積來說，我想膨脹大概只會持續不到兩小時吧。」

「兩小時……」湯普金斯先生重複道，「那不就等於馬上就會……」湯普金斯先生停了下來，他想到這背後的隱含之意。

教授喃喃地說：「對。我想現在已經是膨脹到極限的時候了，所以才會變得這麼冷。」

事實上因為宇宙熱輻射涵蓋的宇宙體積變得非常大，所以能傳播到他們這顆小行星上的熱能也變得很少；這時的溫度大概已經到冰點左右了。

「幸好原本的熱輻射還足夠，連宇宙膨脹到最大時都還能有一點點熱能，」教授補充道，「否則小行星周圍的空氣可能會因氣溫太低而凝結成液體，我們就會活活凍死了。」

教授又用望遠鏡向遠處望去。過了一陣子，他說：「沒錯，收縮過程已經開始了。很快又會暖和起來。」

他把望遠鏡遞給湯普金斯先生，湯普金斯先生接過望遠鏡，觀看周圍的天空。他注意到遠方的物體顏色開始由粉紅轉為藍色，教授說這是因為天體開始朝他們移動了。湯普金斯先生也想起教授剛剛說過，救護車靠近時的警笛頻率會較高。

湯普金斯先生用手摩擦身子，讓身體暖起來，他說：「真不錯，等一下又會變暖了。」不過突然，他腦海裡想起一件事；湯普金斯先生焦急地轉頭對教授說：「可是若所有東西都在收縮的話，宇宙裡的

那些大石塊不是很快就會全都飛到一起，把我們壓扁了嗎？」

　　「我還在想你要花多久才會領悟這件事呢，」教授冷靜地說，「不過別擔心，你想想，早在岩石全集聚到一起之前，溫度就會先升得非常高，直接把我們全蒸發光了！我建議你還是好好躺下來，儘量觀察這現象吧。」

　　湯普金斯先生呻吟著：「天呀！我現在已經開始覺得熱了，連只穿睡衣都好熱。」

　　沒過多久，空氣就熱到讓他難以忍受了。灰塵的密度變得很高，讓他身邊圍滿了灰塵，湯普金斯先生覺得自己快要窒息了。他努力掙扎，想把毯子從身上扯掉時，突然他感到臉露在涼爽的空氣裡，他深深吸了一口氣。

　　「怎麼回事？」湯普金斯先生高聲問教授，可是他卻發現教授已經不在旁邊了。透過微弱的晨光，他認出自己現在正在旅館房間裡。湯普金斯先生鬆了一大口氣，掀開毯子；似乎因為他睡得很不安穩，所以毯子全纏在他身上了。

　　「謝天謝地，幸好我們的宇宙還在膨脹！」湯普金斯先生咕噥著說，他走向浴室。「這就叫做千鈞一髮。」他一面想，一面伸手去拿刮鬍刀。

第六章
宇宙的歌劇

　　假期轉眼到了最後一個晚上，湯普金斯先生與慕德到海邊沙灘享受最後一次散步。他們真的才認識了一周嗎？雖然剛開始時，個性內向的湯普金斯先生只要一跟慕德講話就覺得緊張，不過現在他們已經變熟許多，可以自在談天了。湯普金斯先生覺得很不可思議，因為慕德擁有的興趣實在太廣泛了。更讓他開心的是，慕德似乎也很喜歡跟他相處。湯普金斯先生不知道為什麼慕德會喜歡跟自己在一起；不過有一次教授說溜了嘴，他才知道慕德之前與某位高階主管的戀情突然告吹，所以她的心情非常失落。或許慕德只是因為覺得跟他在一起比較有安全感吧；而且他的生活雖然平凡無奇，可是也比較穩定。

　　湯普金斯先生抬頭看向銀河。「我必須承認妳爸為我打開了一個全新的世界。真可惜大部分人這輩子都從沒想過自己生活在如此奇妙的世界裡。」

　　湯普金斯先生撿起幾顆小石子，無精打采地丟向海中突起的岩石。突然他轉頭看慕德，說道：「為什麼妳不讓我看看妳的速寫呢？」

　　「我說過了呀，那不是用來給別人觀賞的畫。那些都只是**工作用**的速寫而已，是靈感，只是靈感罷了。那是用來記錄某個地方給我的**感受**。對你來說是沒有意義的。等我回到工作室，根據那些靈感開始作畫之後，才會有成品，當然也可能畫不出來就是了。」

　　「那等回去之後，我可以找一天去參觀妳的工作室嗎？」湯普金

斯先生問。

「當然可以，」慕德回答，「你不來的話，我會很失望的。」

這時他們回到了旅館，湯普金斯先生點了飲料，他們最後一次坐在露臺眺望海平線。

「妳爸爸說之前妳選擇放棄在物理界發展。」他表示。

慕德笑了。「這個嘛，我不會那樣說。那只是我爸一廂情願的想法而已，是他**自己**的願望。」

「也對，可是妳很擅長物理，不是嗎？」湯普金斯先生繼續說。

慕德聳聳肩。「對，這樣說也沒錯。」

「那為什麼……」

「為什麼……」慕德有些憂鬱地重複道，「我也不知道。大概是青少年的反抗期吧；而且當年大家較不接受喜歡科學的女生。喜歡生物或許還好，但物理就不一樣了，什麼同儕壓力之類的都會出現。現在情況已經不同了，至少沒有過去那麼糟糕。」

「那為什麼妳到現在還是了解那麼多物理知識呢？」

「喔，其實也沒有，我老早以前就忘光了，大概只記得天文學和宇宙論吧，我一直在注意**這類**知識。這讓我想起……」她興致盎然地盯著湯普金斯先生看。

「想起什麼？」他問道。

「你想陪我去看歌劇嗎？」

「**歌劇**？」湯普金斯先生驚訝地問道，「什……什麼意思？歌劇跟我們剛剛說的有關係嗎？」

「哎呀，不是**真的**歌劇，」慕德笑著解釋，「只是業餘的歌劇表演而已，是我爸系裡的人在許多年前寫的，描述『宇宙大霹靂』對抗『恆穩態理論』……」

「恆穩態理論？那是什麼？」湯普金斯先生問道。

「恆穩態理論主張宇宙並非從大霹靂開始……」

「可是我們都知道宇宙大霹靂是**對的**，你爸爸說過宇宙膨脹的事，大霹靂的效應至今還在讓星系往外飛呀。」湯普金斯先生抗議道。

「喔，但那又不能證明什麼，霍伊爾、邦迪、高特這幾位物理學家認為宇宙可以持續自我再生。當星系向外移動時，新物質也會同時出現在空出的空間裡。這些物質又聚集在一起，形成新的星體與星系，接著這些新星體、星系又會向外遠離，留下更多空間容納更多物質，就這樣不斷重複下去。」

「那這一切是怎麼開始的呢？」湯普金斯先生顯然感到一頭霧水。

「沒有開始，恆穩態理論裡沒有起點，沒有開始；這種狀態一直存在，未來也會繼續存在。恆穩態的世界沒有開始、沒有結束，所以稱為『恆穩態理論』，宇宙的本質是永不變動的。」

「我喜歡這個理論，」湯普金斯先生很感興趣地說，「對，很……**感覺**很有道理。妳懂我的意思嗎？宇宙大霹靂就沒有這種感覺，妳會一直覺得為什麼會在那個時間點發生爆炸，為什麼不是其他時候？感覺太……太**果斷**了。既然恆穩態理論是**沒有**開始……」

「等等，等等！」慕德打斷他的話，「別想太多，恆穩態理論已經遭到否決了，徹頭徹尾地否決了。」

「這樣啊，」湯普金斯先生沮喪地說，「怎麼會？為什麼科學家可以那麼確定？」

在慕德開口回答之前，教授出現在旅館走廊上，他過來提醒慕德明天早上很早就要出發回家。慕德離開之前，湯普金斯先生趕忙問

道：「歌劇要怎麼辦？」

「啊，我差點忘了。星期六晚上八點在物理大講堂，就是你平常去聽我爸演講的地方。系上要重新表演『**宇宙歌劇**』，那還滿有趣的；我想應該是為了慶祝恆穩態理論的五十周年吧。到時候見了。」說完後，慕德就跟爸爸一起進入旅館，她快快回了個頭，開玩笑地向湯普金斯先生拋出一個晚安飛吻。

來觀賞表演的觀眾很多。講廳幾乎都坐滿了，湯普金斯先生找到自己的位置，坐在教授與慕德旁邊。

「你最好先看一下節目表，」慕德對他說，「要快一點，免得等下燈光熄了。不看的話，你可能會搞不清楚誰是誰。」

湯普金斯先生迅速瀏覽了在大門口拿到的節目表。他才剛看完背後的注意事項，講廳就變得一片漆黑；升起的平台一端擠了六人的樂隊，他們開始演奏序曲，盡可能地以最快速度演奏。台下大多數觀眾都是學生，他們大力鼓掌時，在平台周圍臨時架設的布幕也撤下了。所有的人立刻用手遮住眼睛，因為舞台上充斥著耀眼光芒。光線刺眼到幾乎讓整個講廳都籠罩在光海裡。

「那個笨蛋技師在搞什麼鬼？他會害大樓裡所有保險絲都燒壞的！」教授怒氣沖沖地低聲抱怨。不過情況沒那麼嚴重，「大霹靂」的亮光逐漸減弱，講廳變得黑暗，這時好幾個轉輪煙火的光亮照亮了講廳。這些轉輪煙火應該代表大霹靂後形成的星系。

「現在他們又打算把這裡燒了嗎？」教授生氣地說，「我根本不該同意讓他們做這些蠢事的。」

慕德傾身過去拍拍教授的手，提醒他其實「笨蛋技師」正站在舞台角落，謹慎地拿著滅火器嚴陣以待。此時台下的學生不斷高聲發出

讚嘆的聲音，像是在看煙火節表演的小朋友一樣，直到一位穿著黑色
牧師領法衣的男性走上舞台，示意要求學生安靜。根據節目表的說
明，這位是比利時學者勒梅特，他是第一位提出宇宙膨脹的大霹靂理
論的人。他用渾厚的聲音開始獨唱：

啊，原始的原子！
萬物皆有的原子！
分裂為極小的粒子
形成了星系
每個都擁有原始的能量
啊，放射性的原子！
啊，萬物皆有的原子！
啊，宇宙的原子——
上帝的傑作！

漫長的演化
訴說著偉大煙花
燃燒成為細碎的塵灰
我們站在灰燼上
灰燼形成眼前的太陽
要記住啊
起點的光亮
啊，宇宙的原子——
上帝的傑作！

　　勒梅特神父結束了詠嘆調，觀眾席的學生像是瘋了一樣，全都在用力鼓掌（看來學生聽歌劇前都跑去酒吧喝酒了），台上接著出現一位高個子男士，這位是物理學家加莫夫（一樣是從節目表上看到的），加莫夫在俄羅斯出生，不過後來移居美國。他站到舞台中央，開始演唱：

唱完之後，台下瘋狂鼓掌

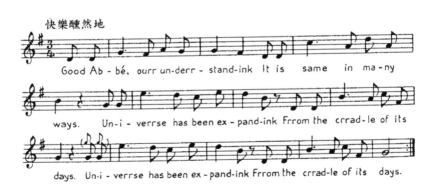

好勒梅特，我們的見解

有許多相同之處

宇宙從誕生之際

就一直在膨脹

宇宙從誕生之際
就一直在膨脹

可惜你的宇宙始動
我不贊同
我們對宇宙的起始
看法不同
我們對宇宙的起始
看法不同

那是因為中子流，而不是
你說的原始原子
宇宙恆久存在
從古就存在
宇宙恆久存在
從古就存在

無止盡的空間裡
爆炸決定了氣體的命運
多年前（幾十億年前）
最高密度形成了
多年前（幾十億年前）
最高密度形成了

宇宙變得光彩奪目

就從那關鍵一刻開始。
物質的光亮耀眼
物質也是一樣。
物質的光亮耀眼
物質也是一樣。

每噸射線
當年只是幾十克物質，
直到原始的大撞擊
開啟了暴漲
直到原始的大撞擊
開啟了暴漲

當年的光逐漸黯淡。
數百萬年消逝……
物質勝過光線
源源不絕。
物質勝過光線
源源不絕。

物質逐漸匯聚
（一如勒梅特言語）。
巨大的氣態星雲四散
這就是原星系。
巨大氣態星雲四散

這就是原星系。

原星系四分五裂
飛越夜空
形成許多星體，散布各處
宇宙充滿光明
形成許多星體，散布各處
宇宙充滿光明

星系不斷運轉
恆星燃燒成灰
直到宇宙空無一物
死寂，寒冷，黑暗
直到宇宙空無一物
死寂，寒冷，黑暗

這時輪到霍伊爾，他突然在閃亮的星系間現身。他從口袋裡拿出一個
輪型煙火點燃，當煙火開始旋轉時，他有如勝利般地高舉新生星系，
開始獨唱：

宇宙是天堂產物

並非於過去形成

宇宙一直、一直存在

邦迪、高德和我都這麼說

存在，啊，宇宙，永遠不變！

這就是恆穩態！

年老星系消逝了

燃燒殆盡，功成身退

但，這宇宙

一直、一直存在

邦迪、高德和我都這麼說

存在，啊，宇宙，永遠不變！

這就是恆穩態！

新星系依然聚集成形

像以前一樣無中生有

（無意冒犯，勒梅特與加莫夫！）

存在，啊，宇宙，永遠不變！

這就是恆穩態！

可是在霍伊爾演唱時，大家都注意到雖然他在歌詠宇宙的恆久不變，他手上的「小星系」卻開始發出嘶嘶聲熄滅了。

　　歌劇繼續進入最後一幕，所有演員都站到台上，一起演唱振奮人心的大合唱：

「你的辛勞，」
賴爾對霍伊爾說，
「都是浪費時間，相信我。
恆穩態
已經過時
我的望遠鏡
敲碎了你的希望
除非是我看錯。
你的理論遭到反駁。
簡單說吧：
我們的宇宙密度
每天都更稀疏！」

霍伊爾說：「我注意到
你引用勒梅特
與加莫夫理論。忘了他們吧！
那群迷途羔羊
還有大霹靂理論
為何要助長他們呢？

我的朋友啊
宇宙不會結束
宇宙沒有開始
邦迪、高特
和我將永遠堅持看法

直到頂上頭髮灰白為止！」

「不對！」賴爾高喊
他生氣地
拉緊繩索；
「遠方星系
在我們眼裡
更為緊密！」

「你激怒我了！」
霍伊爾大吼，
他重新訴說理論；
「每個夜晚早晨
都有新物質誕生
景象不會改變！」

「放棄吧，霍伊爾
我要打敗你。」（有趣的開始了）
「之後，」
賴爾繼續唱，
「我要讓你恢復理智！」

結束時，台下掌聲如雷，大家又是跺腳、又是起身鼓掌，有如酒吧裡
最瘋狂的夜晚一樣。結果臨時安裝的布幕卡在落幕的位置，導致演員
無法再度出來謝幕。於是觀眾紛紛離去，眾多年輕人又回到學生聚集

的酒吧。

　　「慕德，妳明天有什麼事嗎？」湯普金斯先生在離開前問道。

　　「沒有，」她回答，「如果你願意的話，可以到我家來喝杯咖啡。十一點方便嗎？」

第七章
黑洞、熱寂和噴燈

「應該是這裡了吧。」湯普金斯先生一邊研究慕德給他的潦草地圖，一邊喃喃自語。面前的大門沒有招牌，讓他無法確定這裡是不是諾頓農場。車道盡頭有一棟隨性增建的大農舍，跟湯普金斯先生本來想像的房子不太一樣，不過他還是決定去問問看。就在此刻，他看到了慕德，她正蹲在花圃間拔野草。湯普金斯先生和慕德開心地彼此問好。

「妳住的地方真不錯，」湯普金斯先生很羨慕地說，「我沒想到當畫家可以賺這麼多錢，照理說不是應該住在小小閣樓裡，過著為藝術犧牲、有一頓沒一頓的生活嗎？」

一開始慕德還沒聽懂，但她立刻爆笑出聲。「你以為整個農場都是我的嗎？」她驚訝地問，「還真希望呢！沒有啦，諾頓家搬走之後，這棟房子就分租出去了，現在都隔成套房了。這邊才是我家。」她指向似乎最近才增建的房間。「進來吧，別客氣。」

在等水燒開的時候，慕德帶湯普金斯先生快速參觀了一下裝飾得很迷人的小屋。隨後他們坐在客廳沙發上，一邊喝咖啡，一邊吃餅乾。

「你覺得昨天的歌劇如何呢？」慕德問。

「喔，非常有趣，」湯普金斯先生說，「雖然裡面提到的理論不是每項都知道，但我覺得很棒。謝謝妳叫我去看。但是唯一……」

「怎麼了嗎？」

「其實我回家之後，一直在想恆穩態學說為什麼會遭到推翻。這理論感覺非常**有道理**呀。」

「別讓爸爸聽到你這些話，」慕德微笑著說，「大家花了很大力氣，才說服他同意這場歌劇的演出；他不希望歌劇混淆學生的觀念。我爸極力鼓吹科學的基礎在於**實驗**，而**不是**美學。不管你有多喜歡某個理論，只要實驗結果與理論相反，那就應該放棄理論。」

「那反駁恆穩態學說的證據，有像上次妳說的那麼肯定嗎？」

「當然有，」她回答，「證據完全支持大霹靂理論。首先，我們知道宇宙一直隨著時間而改變，我們可以**看見**宇宙改變了。」

湯普金斯先生皺起眉頭問：「看見？」

「對，別忘了光速是固定的，所以遠處物體發出的光若要抵達我們的眼前，都得花一段時間。你在遠望宇宙的同時，也是在遠望過去。就拿太陽發出的光線來說，」慕德看向窗外，「太陽光要花八分鐘才能抵達地球，所以我們看到的太陽是八分鐘前的樣子，而不是這一瞬間的太陽。更遠的物體也一樣，例如仙女座星系。我想你一定看過仙女座的照片，所有天文學的書籍裡都會有。仙女座星系位於約一百萬光年之外，所以它在照片上的樣子也是一百萬年前的樣子。」

「所以呢？」

慕德繼續說：「所以賴爾在觀測太空時發現，若觀測的體積大小固定，隨著觀測距離愈遠，體積內的星系數量也愈多；換句話說，他觀測的時間點愈古老，星系就愈多。這正好符合宇宙體積逐漸膨脹的假設，過去星系的密度比現在更密集。」

「歌劇的結尾有提到這論點，對吧？」湯普金斯先生問。

「沒錯。而且不只如此，現在我們還知道星系本身的性質會隨時間改變。宇宙發生大爆炸後，星系也成形了；星系剛剛成形的時候，

燃燒的亮度比現在要亮上許多，這個階段的耀眼星系稱為**類星體**。我們觀察到的類星體都位於非常遙遠的位置，也就是說，類星體只存在於古早以前，而不是現在此刻；這個發現也否定了宇宙未曾改變的假設。」

「好吧，我開始有點相信了。」湯普金斯先生承認。

「我還沒說完呢，」慕德堅持要繼續說明，「還有像原始核含量。」

「什麼？」

「原始核含量是宇宙大霹靂後誕生的不同種類粒子間的比率。大爆炸發生後的初期，所有東西的溫度都非常高，因此所有物質都在快

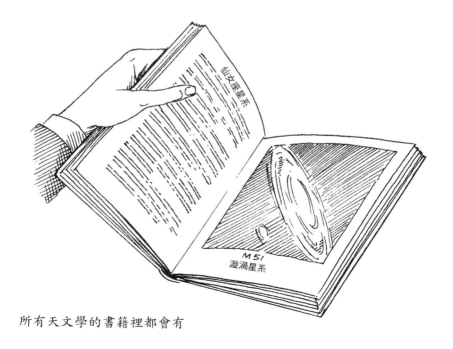

所有天文學的書籍裡都會有

速移動、彼此撞擊。當時只有次核粒子（中子、質子）、電子與其他基本粒子存在。那時候沒有重原子的原子核存在，因為一旦形成重原子（由中子與質子融合形成），馬上又會因發生撞擊而碎裂。直到經過一段時間後，宇宙逐漸擴張，慢慢冷卻下來時，撞擊才變得不再那麼猛烈，此時形成的新原子核才能留存下來。這就是所謂的『**宇宙初始核合成**』。

「但是，原子核無法永遠持續吸收更多的質子與中子，不斷變成更大的原子核，」慕德繼續說，「那是一場與時間的賽跑。宇宙溫度依然在逐漸降低，因此，最後溫度將低到使原子核粒子的能量不足以進行核融合。而且因為宇宙擴張，宇宙的**密度**也降低了，發生碰撞的頻率隨之減少。由於發生這些現象，核反應進入停頓期，重核子的組合不再改變。這種組合稱為『**凝息組合**』。這時的原子核組合決定了最終會有哪些不同種類的原子混合在一起。」

「現在有趣的來了，」慕德表示，「如果知道現在宇宙物質的密度，就可算出較早期的密度為何，當然，連宇宙初始核合成時的密度都可以算出。因此，理論上你也可以計算凝息組合應呈何種狀態；計算結果顯示凝息狀態時，會有百分之七十七的物質為氫的型態（氫是最輕的元素），百分之二十三為氦（第二輕的元素），加上些微的較重核子。這正是現在我們觀測到的星際氣體原子含量！」

「好，妳贏了，」湯普金斯先生勉強承認，「宇宙大霹靂理論贏了。」

「可是我還沒有說到最具說服力的證據。」慕德又說道，現在她變得愈來愈興奮了。

「妳說話變得跟妳爸一樣了。」

慕德忽視他的話，繼續說明：「宇宙背景輻射。如果當年宇宙大

霹靂的溫度很高，那就一定會有一團火球，跟核子彈爆炸時出現的刺眼閃光一樣。問題是當初大爆炸產生的輻射到底在哪裡呢？這些輻射一定在宇宙的某處，不可能在別的地方。好，但如今這些輻射不再是刺眼的亮光，因為輻射到現在早就冷卻了。現在輻射的波長應該落在微波的區域裡。事實上，加莫夫（昨晚提到的那位）計算後，發現今日輻射的波長譜應該對應於七K左右的溫度，也就是高於絕對零度七度。他的計算沒錯，我們現在已經發現宇宙大霹靂的火球餘燼了。一九六五年，兩位通訊學家潘塞斯和威爾森意外發現了這些輻射。輻射溫度為二‧七三K，非常接近加莫夫的預測值。」

湯普金斯先生一句話也沒說，他陷入沉思。慕德疑惑地看著他。

「這樣夠了嗎？」她問道，「你相信了嗎？」

湯普金斯先生回過神來，回答：「喔，對，當然，妳說得很清楚，多謝。可是……」

「可是什麼？」

「我想像了一下大霹靂後產生氫、氦、電子、輻射等等的樣子，可是當時明明只有這些物質，那為什麼現在會出現這個世界？太陽與地球又是從哪裡形成的？還有妳跟我，我們應該不是單靠氫與氦形成的吧？」

「你在問的是長達一百二十億年的歷史耶！我有幾分鐘可以解釋？」

「三分鐘如何？」湯普金斯先生滿懷期盼地問道。

慕德笑了起來。「我試試看，準備好了嗎？」

「等等，」湯普金斯先生低頭看錶，「好，開始！」

「好。宇宙大霹靂後的幾分鐘裡，出現了氫、氦的原子核與電子。過了三十萬年後，物質冷卻下來，讓電子能夠附著在原子核外，

形成了最初的原子。這時的宇宙裡充滿了氣體。這片氣體的密度很均勻，但其中還是存在微弱的差異，某些地方的密度比平均值略大或略小。在密度較大的地點，重力也比較大，於是周遭的氣體開始聚集到這些位置。隨著聚集的氣體愈多，重力也變得愈大，於是又可從周圍吸引更多氣體；這時就形成了彼此分離的氣體雲團。接著，各個雲團裡形成了小小的漩渦或渦流，這些漩渦在遭到擠壓後，溫度逐漸上升（當你壓縮氣體體積時，就會出現溫度上升的現象）。最後溫度高到足以引發核融合過程，這就是星體誕生的開始了。因此經過約十億年後，星系得以出現（其實過程也可能剛好相反，並非先形成氣體雲團，氣體雲團再分裂成星體；或許是先形成星體，隨後星體再聚集形成星系。但目前為止仍無法確定先後順序）。無論如何，現在出現了星體。核融合過程為星體帶來了能量；而且核融合除了可釋放能量，也可形成較重原子的原子核，這些較重原子就是後來地球成形時所需的原子，也是形成人類身體必備的原子。慢慢地，恆星內的核融合燃料將消耗殆盡；以太陽這種中型大小的恆星來說，大概是經過一百億年的時間。恆星進入老化階段後將開始膨脹，成為所謂的**紅巨星**；接著紅巨星縮小為**白矮星**；白矮星又逐漸降溫，變成冰冷的灰燼。質量較大的恆星則會以更壯闊的方式結束燦爛的一生，它們發生名為『**超新星爆炸**』的大爆炸。超新星爆炸釋放出新合成的核子物質，也就是重核子。這些重核子與星際氣體混合後，聚集形成了第二代恆星，這才第一次形成了地球這種岩質行星（在第一代恆星形成時，岩質行星還未曾出現）。接著由自然天擇的演化接手，讓行星表面上的化學元素形成了你我。這就是人類從星塵誕生的過程了！」

　　慕德突然停了下來。「說完了！就是這樣！我花了幾分鐘？」

　　湯普金斯先生微笑說：「喔，才剛過兩分鐘而已……」

「太好了，」慕德表示，「那我還有一分鐘可以解釋黑洞。」

「**黑洞**？」

「對，當質量極大的恆星爆炸之後，就會形成黑洞。我剛剛也說過，恆星爆炸後會放出某些物質，但剩餘的物質會塌縮形成黑洞。」

「黑洞到底是什麼？」湯普金斯先生問道，「當然我也聽過黑洞，但是……」

「黑洞擁有很強大的重力，沒有任何物質能夠抵抗黑洞的重力。恆星的所有物質都會崩縮到一個點裡。」

「一個**點**？」湯普金斯先生高聲說，「真的是字面上的意義嗎？就是一個點嗎？」

慕德回答：「沒錯，沒有體積。所有物質都集中在這個點周圍，點的附近則有著強大的重力場。這裡的重力強到只要靠近到某一距離時，即進入**事件視界**後，物體就無法逃離了，連光也不例外。所以黑洞是黑的，所有進入事件視界範圍的物質，都會被吸到中心點裡。」

「太奇妙了，」湯普金斯先生喃喃地說，「那黑洞後面是什麼呢？」

「後面？這就沒有人知道了。黑洞沒有所謂的『後面』，因為所有掉進去的物質都會停留在中心點上。啊，不過大家也有各種不同揣測，例如那些物質可能會穿越某種隧道，這個隧道連接了我們的宇宙與其他宇宙，黑洞吸引的物質會從隧道對面噴出，進入另一個宇宙裡；另一端的隧道口稱為『白洞』，不過以上都純屬推測而已。」

「那黑洞是確定真的存在嗎？」

「沒錯，有很確切的證據。不只是老恆星塌縮後會形成黑洞，星系中心也有黑洞，某些大型黑洞可能已經吞沒了上百萬顆恆星。」

湯普金斯先生以崇拜的眼神笑著看慕德。

「你為什麼要這樣看我？」她好奇地問道。

「沒有，我只是在想妳怎麼會知道這些知識？」

慕德微微聳了個肩，說道：「不知道，我想大概都是從這些看來的吧。」她轉頭比向放滿科普雜誌的書架。

「最後一個問題，愛因斯坦小姐，」湯普金斯先生問道，「最後會出現什麼結果呢？未來的宇宙會變成什麼樣子？妳爸爸說宇宙會持續膨脹，可是在無窮遠的未來將進入停滯。」

「沒錯。如果暴漲理論是對的，宇宙物質的密度也接近臨界密度的話，就會像我爸說的一樣。到時候所有核燃料都耗盡，恆星生命也走到盡頭後，很多恆星都會被吸入星系中心的黑洞裡，於是整個宇宙將變得極度冰冷，毫無生命跡象。這就是所謂的『**宇宙熱寂說**』。」

湯普金斯先生擔心了起來。「我不太喜歡這種結果。」

「哎，我也不知道，其實不該說這個嚇你的，」慕德開朗地回答，「早在宇宙變得冰冷前，我們就已經進棺材了。總之，這樣也說夠了。換個主題吧。」

「也對，真不好意思，妳一定覺得我很膽小吧？」

「不會啦。反正趁我現在還能幫忙時，你可以儘量問，」慕德輕笑，「下周我就派不上用場了。」

「下周？下周有什麼事嗎？」

「我爸下周的演講主題是量子理論，對吧？」

「應該沒錯。」

「嗯，我一直搞不懂量子理論。只能祝你好運了！不過，現在來看我的藝術作品吧。你真的想看嗎？」

「妳的作品嗎？當然想看了，」湯普金斯先生回答，「妳把作品收放在哪裡？離妳的工作室很遠嗎？」

「遠？不會，就在庭院對面而已。那邊有棟舊穀倉是歸我用的。所以我當初才會搬來諾頓農場。我不是為了房子，是為了穀倉。」

慕德的工作室非常引人入勝，湯普金斯先生從未看過這樣的地方。慕德的創作（基本上不算畫作）風格獨特。雖然這些創作都已經裱好框，看來應該是要掛在牆上欣賞的，但是慕德使用的材料卻包羅萬象，例如石膏、木頭、金屬管、石板、小圓石、錫罐等等。這些不同的材料組合在一起後，變成了一幅幅精緻又充滿力道的抽象拼貼畫。

「太棒了，」湯普金斯先生興奮地說，「我之前完全不知道是這樣的作品，感覺真不錯。不過我得承認一件事，」他有些吞吞吐吐地說，「我不能說自己**了解**妳的作品，我不確定其中的涵義是什麼。但我真的**很喜歡**妳的作品。」

慕德微笑說：「你知道的，我的創作不是物理理論，所以不是用來了解的，你必須要去感受它們。」

湯普金斯先生安靜駐足在某幅作品前，思考了好一陣子，接著他大膽提出自己的想法：「妳必須要跟作品建立雙向的關係，一種互動關係。當觀賞者在創作裡加入自己的觀感，將作品與自己過去的經驗連結在一起後，作品才算完整。妳的意思是這樣嗎？」

慕德不予置評地聳聳肩。「這是我最新的作品，」她點頭比向湯普金斯先生正在看的作品，「你在裡面看到了什麼？」

「這幅嗎？一片海灘，海浪將許多東西沖上了沙灘，這些粗糙、古老的東西都有一段自己的故事，如今卻在巧合之下，在同一時間聚集到同一地點上。」

慕德細細地打量著他，他從來沒看過慕德出現這種表情，他突然覺得自己很蠢。

「真不好意思，我只是在胡言亂語。大概是因為看過太多展覽簡介吧。在城裡工作的優點之一，就是可在中午休息時間去參觀藝廊和美術展，」湯普金斯先生解釋道，「我喜歡藝術，至少某些藝術我很喜歡。我都會盡量了解最近在展出什麼。」

慕德露出微笑。

「我問妳，」湯普金斯先生繼續說，「妳如何做出這種經歷歲月風霜的效果呢？這看起來似乎是從火堆裡救出的。」他指向嵌在石膏裡的某塊焦黑木材。

慕德露出惡作劇般的表情說：「如果你想看的話，我可以表演給你看，不過你得自己小心。」

於是慕德畫下一根火柴，點燃旁邊桌上放的噴槍。她拿起噴槍，在某幅作品的表面上揮動著燃燒的火舌。沒過多久，上面的木頭部分就變得灼紅。工作室裡立刻充滿了煙霧。湯普金斯先生注意到情況，退了幾步把門打開，讓煙霧從門口散出去。他站在門邊，著迷地看著慕德。慕德的神情有如一幅全神貫注的畫作。就在這一刻，湯普金斯先生發現，自己陷入愛河了。

第八章
量子撞球

　　最新這場演講的聽講者比剛開始時少了一些，顯然某些人沒繼續參加了，不過人數還是頗多。湯普金斯先生坐著等演講開始時，想起慕德說量子理論並不好學，他開始覺得有點焦慮，擔心不知道可以聽懂多少。不過他已經下定決心要想辦法儘量了解量子理論，**他**甚至還期待可以當**慕德**的量子理論老師呢！

　　教授進入會場了……

各位女士、先生，晚安：

　　我曾在前面兩場演講中說過，科學家發現所有物理速度都存在上限，我們也因此得以全面重整十九世紀的時間與空間理論。

　　不過，科學家對物理學基礎進行的重要分析進展還不止於此，後來更出現了許多驚人的發現與結論，那就是物理學中的**量子理論**。量子理論與空間、時間本身的性質並沒有太大關聯，量子理論的重點比較偏向實物在時間與空間中的互動跟運動。

　　古典物理學認為，兩個物體間的交互作用可依照實驗需求不斷降低，甚至在必要時更可將互動降低到實際為零的狀態，大家都認為這是不證自明的事。例如有人想調查在某過程中產生的熱能時，他擔心放入溫度計後將帶走部分熱能，導致干擾到實驗結果。這位實驗者相信若使用較小的溫度計（或非常小的熱電偶），就可將實驗的干擾因素降低，讓干擾的影響低於他所需的精確度。

　　大家深信，就理論上來說，所有物理過程都可依自己需要的精確度進行觀測，而且觀測行為不會對過程帶來干擾；因為這種概念已經根深柢固，所以也沒有人想過要精確測定這項主張。但是從二十世紀初開始，實驗中出現了愈來愈多新的證據，這些事實讓物理學家發現實際情況比我們想像中的更複雜。事實上，**世上的交互作用存在著某種下限，因此是無法完全抹滅的**。在我們日常熟悉的大部分過程中，精確度的自然限制都微小到可忽略不計。然而當討論到微觀系統中的互動時，例如原子、分子的交互作用等等，前述的自然極限就變得非常顯著了。

　　一九〇〇年時，德國物理學家普朗克在檢視物質與輻射間的均衡狀態後，做出了一個驚人結論：若依照過去的物理概念，認為物質與輻射間的交互作用是連續不斷的話，就不會出現所謂的均衡狀態。因此普朗克提出另一種看法，他認為能量在物質與輻射間傳遞時，是**一連串的分散「振動」**。在每一個基本的交互作用中，會轉換某一特定數量的能量。為了算出所需的均衡狀態，並讓理論與實驗所得的實際結果相符合，因此必須導入一個簡單的數學關係式，在關係式中，每次振動傳遞的能量與能量傳遞時的輻射頻率成比例。

　　普朗克將比例係數設為「h」，他發現能量傳遞的最小量值，也就是「量子」的方程式為：

$$E = hf \qquad\qquad\qquad 方程式（13）$$

上式的 f 為輻射頻率，常數 h 的數值為 6.6×10^{-34} 焦耳秒，這稱為「**普朗克常數**」（相信大家都知道 10^{-34} 為

1/10,000,000,000,000,000,000,000,000,000,000,000

此處分母有三十四個零）。請注意普朗克常數是非常小的數值，而且受到普朗克常數影響的量子現象，通常我們在日常生活裡觀察不到。

　　進一步發展普朗克概念的人則是愛因斯坦。愛因斯坦認為釋放出的輻射不只是「能量包」而已，這些「能量包」還會像粒子一樣，將能量集中傳遞到物質上。換句話說，每個能量包都能保持完好無缺；而不是像過去大家想的一樣，以為能量會以整片散播的方式發散。這些能量包稱為「光量子」，也就是**光子**。

　　當光子移動時，除了本身擁有 hf 的能量外，應當也擁有某些動量。根據相對論力學，動能應該等於能量除以光速 c。因為光的頻率與波長 λ 成比例，即 $f = c/\lambda$，我們可將光子的動量寫做：

$$p = hf/c = h/\lambda \qquad\qquad 方程式（14）$$

因此光子的動量會隨波長增加而遞減。

　　其中有一項實驗證據最能證明光量子的概念為真，亦可證明光量子的確擁有能量與動量；那就是美國物理學家康普頓檢測所得的結果。康普頓研究光與電子的交互作用時，發現受到光線作用的電子跟受到粒子撞擊時一樣，都會獲得方程式（13）與方程式（14）的能量與動量。而光子在撞擊電子後，也會出現某些變化（頻率會改變），跟理論的預期結果正好相符。

　　因此也可以說在物質的交互作用中，電磁輻射（例如光）的量子性質，都是已經得到實驗佐證的事實。

　　此外，丹麥物理學家波耳也進一步拓展了量子概念。一九一三

年，波耳首度提出一項看法：**所有力學系統內部的運動，只會出現數種離散的可能能量值**。因此只有達到固定階段時，內部運動才能改變狀態，改變的同時還會釋放或吸收大小離散的能量（也就是兩種允許能態間的能量差）。波耳提出這概念，是因為他觀察原子內電子釋放的輻射時，輻射的光譜並非連續不斷，而是僅由某些頻率組成，是一種「線狀光譜」。換句話說，電子釋放之輻射所擁有的能量值只是固定幾種，與方程式（13）相符。如果波耳對放射源之允許能態的假設正確（這裡觀察的是原子內電子的能態），就可以解釋前述現象了。

　　計算力學系統的可能能態的數學算式，比計算釋放輻射的數學算式更複雜，因此在此我不會詳細解說那些方程式。我只要說明一個概念就夠了，在說明粒子（如電子）的運動時，某些時候我們必須將**波**的性質也加到這些粒子上。第一位指出必須這麼做的物理學家，是法國的德布羅意，他根據自己對原子結構進行的理論研究，提出了前述看法。德布羅意發現當波位於受局限的空間時，例如管風琴裡的聲波或小提琴琴弦上的振動等等，這時候波的頻率與波長都只能是某些固定數值。這些空間內的波長必須「符合」有限空間的尺寸，也就是所謂的「駐波」。德布羅意主張，若原子內電子的性質與波一樣的話，那麼由於這些波身處有限空間（因為旁邊有原子核），因此波長也只能像駐波一樣，呈現某些特定的離散數值。如果前述波長與電子動能間的關係近似於計算光的方程式（14）的話，那麼這裡的方程式可寫做：

$$P_{粒子} = h/\lambda \qquad\qquad 方程式（15）$$

這麼一來，電子的動能（及能量）只會是某些允許的特定數值。這樣

就可清楚解釋原子內電子為何擁有不連續的能階,以及為何釋放出的輻射會呈現線狀光譜了。

　　隨後的幾年裡又進行了許多實驗,確定了實質粒子的運動具有波的性質。實驗中觀測到了許多現象,例如射出一小束電子,使其通過狹小開口時,會出現**繞射現象**;連分子這種較大、較複雜的粒子,都會出現**干涉現象**。德布羅意在觀察實際粒子後,發現粒子具有波的特性,如果只用古典物理的運動概念來解釋,當然是絕對說不通的。因此他只能採取與以往不同的觀點:某些波會「伴隨」在粒子旁,可以說這些波在「導引」粒子的方向。

　　因為常數 h 的數值很小,因此粒子的波長也非常小,連電子這種最輕的基本粒子也一樣。當輻射波長比其通過的孔徑要小上許多時,繞射現象也會很微弱,這時候的輻射幾乎是以完全不會偏離的狀態通過縫隙。這也是為什麼當足球穿過球門的兩根門柱間時,我們不會看到足球路徑出現繞射導致的偏移。只有在檢視微觀世界內的運動,例如原子、分子內部的運動時,粒子擁有的波特性才會舉足輕重。波的特性正是我們了解物質內部結構時的關鍵所在。

　　弗蘭克與赫茲曾經進行實驗,實驗結果直接證明在微觀系統內,的確存在一連串的離散能態。他們以帶有不同能量的電子撞擊原子,結果發現當電子能量達到某些特定值時,遭受撞擊的原子狀態才會出現變化。如果電子能量低於某一下限,原子內就不會出現任何反應。這是因為此時電子帶有的能量不足以讓原子從第一個可能量子態提升到第二個量子態裡。

　　那麼,我們該如何從古典力學的觀點來說明這些新概念呢?

　　古典物理理論中基本的運動概念是:任意時刻中,粒子在空間內皆占有位置,粒子隨時間沿著軌跡移動,速度則與位置變動相對應。

位置、速度與軌跡的基本概念是我們架構古典力學的基礎，而且全都是我們觀察周遭現象後所獲得的結果（其他理論也一樣）。然而就像之前提到的古典時間、空間理論一樣，一旦我們將觸角伸入過去從曾探索的新領域後，這些古典理論勢必也需要大幅修改。

　　一個運動中的粒子在任意時刻會位於某一特定位置，因此當位置隨時間改變時，我們可依據粒子位置畫出一條清楚的線（軌跡），若我問你為什麼相信這現象為真時，你可能會回答：「因為當我觀察粒子運動時看到的現象就是這樣。」不過現在讓我們來分析一下古典物理對軌跡的概念，看看是否真的可以從觀察中獲得確鑿的結果。請想像有一位擁有高敏感度設備的物理學家，他想要追蹤從實驗室牆上拋出的小物體。這位物理學家決定以「看」的方式觀察物體如何移動。當然，為了要看到移動的物體，他必須用光照亮物體。物理學家知道光線會對物體帶來壓力，因此可能干擾物體的運動；於是他決定在觀察的各個瞬間，才以短暫的閃光照明。第一次觀察時，他想要觀察軌跡上的十個點，因此他將閃光光源設定到夠微弱的狀態，如此一來，連續十次閃光照明所帶來的影響應該可限制在他需要的精準度內。當這位物理學家以閃光照亮十次後，即可在所需精準度內獲得物體拋射軌跡的十個點了。

　　接下來，這位物理學家希望實驗結果更詳盡，他想觀察到更精確的軌跡，這次要觀察軌跡上的一百個點。因為連續照明一百次將對粒子運動帶來更大的干擾，所以他在準備進行第二次觀察時，把閃光強度調低到比第一次弱十倍。隨後的第三次觀察時，他想要觀察一千個點，因此閃光也比第一次弱了一百倍。只要按照上述步驟循序漸進，逐步降低照明的強度，無論物理學家想觀察多少個軌跡上的點都可以，而且觀察的可能誤差也不會超過原本設定的上限。這個實驗方式

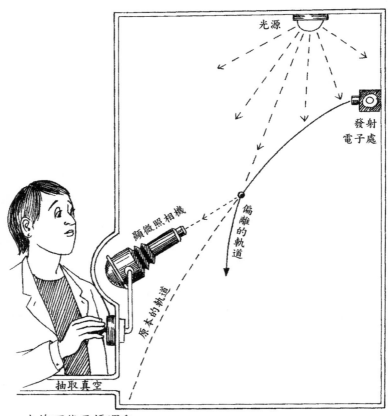

光線可能干擾運動

非常理想，也符合嚴格的邏輯，讓我們可經由「觀看運動的物體」來畫出運動的軌跡，理論上應是可行的做法。各位可以發現，從古典物理學的角度來說，上述做法完全是可能實現的。

　　不過假如加入量子的限制，因此所有輻射都只能以光子的型態傳遞的話，情況會是如何呢？剛才物理學家不斷減弱照亮運動物體的閃

光亮度，但若加入量子理論概念後，物理學家將發現，當每次閃光的亮度低到只等於一顆光子後，就無法再繼續降低閃光強度了。這時用光子照亮物體時，要不就是整顆光子直接反射回來，要不就是整顆光子都沒有反射回來，因為光子不會碎裂成更小粒子。

　　或許那位物理學家主張根據方程式（14），光子撞擊的強度會隨波長增長而遞減，因此他決定提高照明光的波長作為補償，藉以增加觀察次數。可是這裡又會碰上另一個問題；大家都知道當波長為某一特定值時，我們能看見的細節就不可能小於照明光的波長（就像你無法用刷房子的油漆刷幫小波斯房屋模型上色吧）！所以當照明光的波長愈來愈長，物理學家也漸漸難以精準測量每一點的位置，而且很快地，科學家測不準的範圍就會變得跟實驗室一樣大，甚至比實驗室更大了。這時候物理學家只能選擇妥協，看是要觀察更多軌跡上的點，或是接受每次測量的不確定性。所以這位物理學家永遠無法像古典物理學家一樣，畫出一條符合數學計算結果的精確軌跡。他能獲得的最佳實驗結果是一條逐漸模糊淡去的帶狀軌跡。

　　前述討論的方法是用看的，我們也可以試試另一種做法，以機械原理來實驗。在這種實驗中，實驗者可設置某種小型機械錄音設備，例如裝在彈簧上的小鈴，當物體從小鈴旁經過時，小鈴就可記錄物體的路徑。物理學家在拋射物體的空間裡放置大量小鈴，當粒子穿越之後，「鈴響」就會指出物體的路徑。根據古典物理學，我們可以隨心所欲地將小鈴做到最小、最靈敏的狀態，在有限空間裡放入無數的極小響鈴後，即可在所需精準度下獲得移動軌跡了。但是，量子理論對力學系統的限制又會再度破壞這個理想狀態。因為鈴舌位於體積固定的小鈴裡，所以鈴舌擁有的能態為離散的幾種數值。如果小鈴太小，它們就必須從運動物體上獲得較大動量才能讓鈴舌響起，因此粒子運

動也會受到較大的干擾。相反地，假如鈴很大，對粒子運動造成的干擾雖然很小，但是每個位置的不確定性就會提高。最後推論出來的軌跡又會是擴散的帶狀了！

　　各位看到這兩種實驗後，可能會想繼續找出其他可判讀軌跡的實用方法，或許是更為細緻複雜的方式。然而我必須指出，之前我們討論的內容，其實與分析這兩種實驗技巧沒什麼關係，而是要把一般物理測量最常遇上的問題，美化到最理想的狀態。無論是進行何種測量，測量時的因素都可以簡化到跟前述實驗一樣，可是最後也會出現一樣的結果：在量子定律的世界裡，不存在精準的位置與軌跡……

裝在彈簧上的小鈴

　　當演講說到這裡的時候，湯普金斯先生放棄努力，任由厚重的眼皮闔上。可是湯普金斯先生還是想保持清醒，所以只要他的頭一往下點，他就會急著抬起頭；頭再度往下點，他又稍微抬起頭，再往下點……

　　湯普金斯先生到吧台點了一杯啤酒，正想找位子坐的時候，他注意到有撞球碰擊的聲音。他想起這家酒吧後面的房間有張撞球檯，於是打算去看看。撞球房裡有許多穿著襯衫的男性，他們一邊喝酒，一邊高談闊論，等著輪到自己上場。湯普金斯先生走到撞球檯旁，看這些人打撞球。

　　可是眼前景象很奇怪！一位球手在檯上擺了一顆球，用撞球桿擊球。湯普金斯先生看著滾動的球，吃驚地發現這顆球開始「擴散」，這是他唯一想到可形容這種奇特狀態的形容詞；那顆撞球變得愈來愈模糊，輪廓也愈來愈不清晰。看起來似乎不是只有一顆球檯上滾動，而是有許多顆球在滾動，每顆球都有一小部分跟其他的球重疊在一起。雖然湯普金斯先生也常看到這種景象，可是他從來沒有光喝一杯酒就醉成這樣。他不懂為什麼現在會看到這種情況。

　　「嗯，」他心想，「不知道這顆『模糊』的球會不會打到另一顆球。」

　　打球的球手顯然精通此道，滾動的球命中了另一顆球，發出很大的聲響，跟兩顆正常的撞球撞擊時的聲音一模一樣。然後球手擊出的球跟原本靜止的球都開始加速滾動（湯普金斯先生分不出來哪顆是哪顆），「立刻朝各個方向滾出去」。真的非常詭異，現在他看到的不是兩顆模糊的球，而是許多顆模糊不清的球，這些球朝著擊球方向的一百八十度範圍滾動散開。感覺很像從撞擊點擴散出去的波，大部分

這正好可以作為機率波的範例

球都是往原本撞擊的方向前進。

湯普金斯先生身後傳來熟悉的聲音說：「這些球正好可以用來說明機率波。」他一轉身，就看到教授站在他肩旁。

「原來是你，」湯普金斯先生說，「太好了，或許你可以解釋一下這些球是怎麼了。」

「當然可以。要我說的話，這位球手的球似乎受到『量子宏觀化』影響。自然界所有物體都符合量子定律。可是普朗克常數（決定量子效應大小的數值）非常、非常微小，至少正常情況裡都是如此。然而這些撞球的普朗克常數卻比正常的大很多，我想這裡的普朗克常數應該等於一吧。這倒是很實用，因為你可以用肉眼看清所有過程，通常我們只能用高敏感度的精密觀察方式，來推論這類量子行為而已。」

教授若有所思地說：「我真想知道他的撞球是從哪裡來的。嚴格來說，我們的世界裡不應該存在這種撞球才對。萬物的普朗克常數應該全都一樣才對。」

「或許他是從另外一個世界進口的，」湯普金斯先生猜測道，「可是我想問一下，為什麼球會像那樣擴散、模糊呢？」

「喔，那是因為這些球在桌上的位置是不確定的。你無法精確指出某顆球位於哪個位置，你只能說那顆球有『大部分在這裡』，可是還有『少部分在別處』。」

「所以，撞球**實際上**是同時位於不同位置嗎？」湯普金斯先生難以置信地問道。

教授猶豫了一下，說：「或許是，或許不是。某些人會這樣說；不過也有其他人說是我們自己**認為**球的位置無法確定。量子物理到底該如何闡釋，向來都是大家爭議的話題，直到現在都還沒有定論。」

　　湯普金斯先生再度以不可思議的眼神盯著球看，他喃喃說道：
「這太奇特了。」

　　「正好相反，」教授堅持，「這絕對是很普通的現象，其實這種
情況一直都有，而且宇宙裡所有實際物質都無一例外。只是因為 h 實
在太小，而我們一般使用的觀察方式又太粗糙，所以才掩蓋了這種潛
在的不確定性。大家也因此誤以為位置與速度本身都是定值，大家以
為我們無法以**無窮**精準的程度**判斷**物體實際的位置與速度，只不過是
因為我們的測量技巧不夠優秀而已。但其實就某程度來說，位置與速
度的數值**基本上**就是不確定的。

　　「其實我們也可以改變不確定性的**平衡**。假如你打算改善判讀位
置時的精準度，沒錯，你確實可以辦到，但代價則是速度的不確定性
會提高。同樣道理，雖然你也可以更準確地測量速度，可是這就必須
犧牲位置的精確性。這兩種測不準數值的關係，正是受到普朗克常數
左右。」

　　「我好像不太……」湯普金斯先生開口說道。

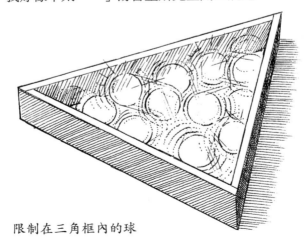

限制在三角框內的球

「哎，其實很簡單，」教授繼續說明，「你看，現在我要把這顆球限制在固定位置裡。」

教授說的那顆模糊的球，正緩慢在桌上滾動。教授拿了一個開球使用的木製三角框，把球局限在木框裡。那顆球馬上就開始狂亂地滾動，整個三角框內看來都是白茫茫的模糊一片。

「你看！」教授說，「現在我限制了球的位置，讓它只能位於這個三角框的範圍裡，不像之前最多只能確定這顆球位於撞球檯上的某處。可是現在雖然比較確定位置，球的速度卻變得如此混亂，因此球速的測不準程度也提高了。」

「難道無法讓球不要像這樣亂滾嗎？」湯普金斯先生問。

「不行，實際上是不可能的。所有位於封閉空間裡的物體，都會進行某種運動，我們物理學家稱之為**零點運動**。物體無法靜止不動。如果**真的**靜止不動的話，我們就可得知確切的物體速度，這時速度將等於零。但假如我們知道物體位於某位置的話，就無法得知物體的速度了；就像這顆限制在三角框裡的球一樣。」

湯普金斯先生看著球，這顆球不斷在封閉邊界裡衝撞，像是關在籠子裡的老虎一樣。此時突然發生了一件怪事；球跑出來了！球現在跑到三角框的**外面**，正朝遠端的桌角滾去。怎麼會這樣？球並不是跳出三角框的框架，反而比較像是從邊框「滲漏」出來的。

「哈！」教授興奮高喊道，「你看到了嗎？剛剛是量子理論中最有趣的結果之一：任何物體都不可能永遠留在封閉範圍內；當物體擁有的能量足以讓自己脫離限制時，物體就可以越過邊界。此時物體很快就會『滲漏』到外邊，逃出去了。」

「我的天啊，那我再也不會去動物園了。」湯普金斯先生表示。他腦海裡立刻清楚浮現了獅子與老虎從柵欄圍牆裡「滲出」的畫面。

不過他又突然想到另一個念頭，如果他的車從鎖好的車庫裡漏出去的話，該怎麼辦？他想像車子有如熟悉的中世紀鬼魂一樣穿越了車庫牆壁，在街道上快速疾駛。湯普金斯先生心想，不知道汽車保險有沒有涵蓋到這項可能性。

他跟教授說了心中的想法，問道：「要等多久才會發生這種情況？」

教授快速心算了一下，回答說：「大概要約一〇〇〇〇〇〇〇〇……〇〇〇〇〇年吧。」

雖然湯普金斯先生因為要處理銀行帳目，所以早就看習慣高額數字了，可是他卻算不清教授答案的零到底有幾個。不過可以確定那是很長的一段時間，長到不用過於擔心了。

湯普金斯先生問：「既然要經過那麼長的時間才會發生，那假如在沒有量子撞球的一般世界裡，我們到底要如何觀察到這種現象呢？」

「問得好。想等周遭的一般物體出現這種效應是不可能的。只有在研究微觀物質，像如原子、電子時，你才會注意到量子定律的效應。對這些微小粒子來說，量子效應的影響實在是太大了，所以一般力學根本派不上用場。例如兩顆原子撞擊時，看起來就像兩顆『量子象化』的撞球互撞一樣。而且不只如此，連原子裡的電子在運動時，都非常像球在三角木框裡做的『零點運動』。」

「那電子會常常從原子裡跑出來嗎？」湯普金斯先生問。

「不會，不會，」教授趕忙回答，「不，根本不會發生這種事。你必須記住我剛剛提到過一點，物體在擁有足夠能量時才會脫離限制範圍。但電子因為本身帶負電，會受原子核內質子的正電吸引，這股

引力會讓電子留在原子內。電子擁有的能量不足以脫離這股拉力，所以無法逃出原子。如果你想觀察滲出的現象，我建議你檢視原子核。就某種程度來說，原子核的行為很像是由阿爾法粒子組成的一樣。」

「阿爾法粒子？」

「過去稱氦原子的原子核為阿爾法粒子，它是由兩顆中子與兩顆質子組成。阿爾法粒子內的牽引力極度龐大，因此裡面的四顆粒子會

要是他的車從鎖好的車庫裡漏出去，會怎樣呢？

以非常緊密的方式『合在一起』。總之，因為阿爾法粒子結合得十分緊密，所以重原子核在某些情況下的行為，很像是由多個阿爾法粒子組成一樣，而不像由個別的中子與質子組合而成。雖然阿爾法粒子會在整個原子核內四處移動，但因受到牽引原子核粒子的短距引力影響，因此阿爾法粒子的移動範圍會限制在原子核內。通常粒子都是乖乖地一起待在裡面，但有時會有某顆阿爾法粒子跑出來，粒子離開了原本束縛它的原子核引力範圍。事實上，這時候唯一影響這顆粒子的力量，是正電荷與原子核其餘部分間的長程排斥力。因此，現在阿爾法粒子受到斥力向外推，這是一種**放射性核子衰變**。這跟你停在車庫裡的車很像，只是阿爾法粒子逃出所需的時間更短而已！」

　　這時候湯普金斯先生突然覺得手臂上傳來奇怪的感覺，他的手臂在搖。旁邊出現一個壓低的女聲說：「噓。」

　　他清醒過來，原來那是演講廳裡坐他旁邊的女士。女士輕拍他的手臂，好心地微笑低聲說：「你差點要打呼了。」

　　湯普金斯先生打起精神，用嘴型無聲地向女士說「謝謝」。他心想自己不知道錯過了多少演講內容。或許他打瞌睡時有無意識地聽進入某些話。他記得看過一篇報告說戴著耳機睡覺能學習外語。無論如何，教授還在滔滔不絕地說著……

　　現在讓我們回頭想想之前那位實驗者的情況，同時試試看找出量子理論限制下的數學算式。剛才我們已經知道，不管使用哪種方式觀察運動中的物體，測定其位置與速度時都會產生衝突。在光學實驗中，當從光源射出的光子與物體碰撞時，因為動量守恆定律使然，因此會使粒子動量跟光子動量出現類似的不確定性。利用方程式（15），我們可將粒子的動量不確定性方程式寫為：

$$\Delta p_{粒子} \cong h/\lambda \qquad\qquad 方程式（16）$$

別忘了測不準粒子位置的情況會受到波長（也就是 $\Delta q \cong \lambda$）左右，因此上式可寫為：

$$\Delta p_{粒子} \times \Delta q_{粒子} \cong h \qquad\qquad 方程式（17）$$

　　之前利用「小鈴」的機械實驗中，因為運動粒子的部分動量會傳遞到鈴舌上，因此無法準確測量動量。由於鈴舌位於小鈴內，因此其動量一定符合與小鈴尺寸 l 成比例的波長。因此代入方程式（15）後得到 $\Delta p_{粒子} \cong h/l$。這項實驗之所以測不出確切位置，是因為小鈴尺寸使然（也就是 $\Delta q \cong l$），所以最後又可得到相同的方程式（17）。速度與位置的測不準性質彼此相關，普朗克常數也包含在內，第一位將這關係歸納為公式的是德國物理學家海森堡。因此方程式（17）稱為**海森堡測不準原理**。從海森堡測不準原理即可清楚看出，若物體位置測得愈準確，那麼動量（或速度）就會測得愈不準，反之亦然。由於動量是用運動粒子的質量與速度計算出來的，因此可寫為：

$$\Delta v_{粒子} \times \Delta q_{粒子} \cong h/m_{粒子} \qquad\qquad 方程式（18）$$

　　以我們平日經手的物體來說，測不準的數值都非常、非常微小。例如灰塵這種輕粒子的質量為○‧○○○○○一公克，其位置與速度都可以測量到精確度為百分之○‧○○○○○○一！但若是電子的話（質量為 10^{-30} 公斤），$\Delta v \Delta q$ 值應為每秒 10^{-4} 平方公尺。在原子內，電子速度應該低於每秒 10^6 公尺，否則電子就會脫離原子。因此電子

速度必須精確限制在上限速度內。以方程式（17）計算後，可得到位置的測不準範圍為10^{-10}公尺，我們認為這就是整個原子的大小；實際上也正是如此。從這裡，我們慢慢看到了海森堡測不準原理的能耐與用處。本來我們只不過是知道原子內力的強度（因此也知道電子能擁有的最大速度），結果卻可以估算出原子的大小！

我希望在這場演講中，能讓大家稍微了解古典物理概念曾經歷的激進變革。以前那些簡潔、定義確切的古典概念已經消失了；各位可能開始懷疑，那物理學家到底該如何在「測不準」海洋中掌舵前進呢？不過光是在這種入門的演講裡，很難向大家說明完整的量子力學詳細數學方程式。不過為了那些感興趣的聽眾，在此我就簡略說明個概要。

顯然我們無法以數學計算出的點來定義實質粒子的位置，也無法以算出的線來定義其軌跡，因此我們必須用其他的數學方式加以說明。這時我們就得使用連續函數了（也就是流體力學使用的函數）。我們可用連續函數定義物體在空間中「散開」時的「存在密度」。

我應該先提醒各位，有人誤以為在日常的三度空間中，計算「存在密度」的方程式是符合實際物理環境的。但事實上，假設我們要描述兩顆粒子的行為，首先我們必須確定第一顆粒子存在於某處的情況，同時也要確定第二顆粒子存在於另一地點的情況。因此我們使用的函數會包含六個變數（兩顆粒子加總後），這六個變數是無法在三度空間內「定位」的。而且若系統更加複雜的話，函數需要使用的變數也會更多。因此，量子力學的**波函數**，很像古典力學中粒子系統的勢能函數，也很像是統計力學系統內的「熵」。波函數只能**說明**運動，幫助我們預測接下來觀察物體時，各種可能發生的結果的相對機率。例如，假設有一束電子流在通過屏障的狹縫時發生繞射現象，隨

後電子流將抵達對面的屏幕，此時屏幕會記錄電子流抵達時的狀態。我們可利用這套物理系統的波函數，計算電子流抵達屏幕不同位置的相對機率，也就是電子以量子或粒子型態集中抵達某位置的相對機率。

　　第一位提出方程式，定義實際粒子之波函數 Ψ 的人是奧地利物理學家薛丁格。在此我不會深入說明這項基本方程式的數學演算過程，不過我想告訴大家，在導出波函數的必要條件裡，其中最重要也最特殊的一項條件，就是描述粒子運動的函數必須呈現**波**擁有的所有特性。

　　因此波函數的行為，並不像在牆壁一側加熱後，熱量穿越牆壁到另一側的情況，而是比較像穿越牆壁時發生的機械變形（例如聲波）。因此也必須用更嚴格的數學方程式計算。除了這項基本條件外，我們也必須利用古典力學中計算大質量粒子的方程式（質量大到可忽視量子效應）；找出波函數方程式的過程變成了單純的數學計算。

　　如果各位想知道方程式最後的樣子，其實就是這樣：

$$\nabla^2 \Psi + \frac{4\pi m i}{h} \Psi - \frac{8\pi^2 m}{h} U\Psi = 0 \qquad \text{方程式（19）}$$

在這個方程式裡，粒子質量為 m，函數 U 代表作用在粒子上的力勢差。只要知道力特定的分布位置，此方程式就可計算出粒子的運動。物理學家利用**薛丁格波方程式**，得以用最完整、最符合前後邏輯的方式，描述次原子粒子世界中發生的所有現象。

　　在結束前，我想應該要稍微提一下矩陣。如果你們已經看過某些量子物理的書，可能也碰過以矩陣這種特殊方式計算的做法。我必須

承認自己不太喜歡矩陣，我寧可不用矩陣計算。但為了讓演說內容更完整，我想至少該略提一下。

　　粒子的運動或是複雜機械系統的運動，通常都符合某些連續波函數，就像我剛剛說明的一樣。這些函數通常很複雜，可寫成由數個較簡單的振盪（所謂的「適當函數」）組合而成，就像我們可用幾個簡單音符寫出複雜樂曲一樣。若知道每個不同振盪的振幅，即可說明整個複雜的運動。因為振盪（泛音）的數量不定，所以我們可將振幅寫為開放的：

$$
\begin{array}{cccc}
q_{11} & q_{12} & q_{13} & \cdots \\
q_{21} & q_{22} & q_{23} & \cdots \\
q_{31} & q_{32} & q_{33} & \cdots \\
\multicolumn{4}{c}{\cdots\cdots\cdots\cdots}
\end{array}
\qquad \text{方程式（20）}
$$

這種表格名為「矩陣」，可以用較簡單的數學運算方式計算。某些理論物理學家偏好使用矩陣，而不使用波函數。這種所謂的「矩陣力學」，其實只是改變一般「波動力學」後的一種計算方式而已。

　　很遺憾演講時間不足，我無法繼續說明後來量子理論與相對論間發展出的關係。建立起其中關係的主要功臣是英國物理學家狄拉克；這兩者的關係不但帶來了許多有趣的觀點，也讓我們獲得了某些非常重要的實驗發現。或許下次我可以再說明這些主題，不過今天的演講就到此結束了。

第九章
量子大草原

嗶……嗶……嗶……

湯普金斯先生醒了，從被單下伸手按掉鬧鐘。他逐漸清醒過來，想到今天是星期一早晨，該上班了，不過他又躺回床上，像平常一樣賴個最後十分鐘，等著喋喋不休的鬧鐘再度響起……

「喂！快點！該起床了，我們還要去坐飛機呢，記得嗎？」講話的是教授，他拿了個大行李箱站在床邊。

「什麼……你說什麼？」湯普金斯先生揉著眼睛，困惑地嘟囔。

「我們要去大草原呀，你不會忘了吧？」

「大草原？」

「沒錯，我們要去量子森林。酒吧的老闆幫了我大忙，他告訴我那些做撞球的象牙是從哪裡來的。」

「象牙？現在應該不能盜獵大象吧……」

教授對湯普金斯先生的抗議充耳不聞，他開始翻找行李箱側邊的口袋。

「哈，有了，」教授高聲說，他拿出一份地圖，「對，你看，我用紅筆框出了那個地區，看到了嗎？這區域裡的所有事物，都受到普朗克常數極高的量子定律影響。我們要去調查。」

旅程沒什麼特別的；湯普金斯先生根本沒注意到時間的流逝，很快飛機就降落在某個遙遠國度裡了。根據教授表示，這塊區域是離那片神祕量子地區最近的集居地帶。

「我們需要一位嚮導。」教授說。可是他們發現想雇用嚮導非常困難，顯然當地人不願冒險前往量子森林，而且他們平常根本不會靠近那塊區域。不過最後有一位莽撞的膽大青年嘲笑朋友太膽小後，自願幫兩個外國人帶路。

首先要去市場買補給品。

「你們得租一頭大象來騎。」年輕人表示。

湯普金斯先生看著那頭龐然大物，警戒心油然而生。居然要他騎大象？「聽著，我還是不騎大象比較好，」他說，「我從來沒騎過大象，真的不行啦。騎馬或許還可以，但是大象？不可能。」這時他注意到另外一位商人在賣驢子，他突然開心起來。「驢子如何？我覺得驢子大小比較剛好。」

年輕人不以為然地笑了起來。「帶驢子去量子森林？你是在開玩笑吧？那會像在騎不斷跳動的野馬一樣，驢子立刻就會把你甩下去了（如果驢子沒有先從你雙腿間**滲**出去的話）。」

「他說的對，」教授喃喃說：「我慢慢懂了，這年輕人說得非常有道理。」

「真的嗎？」湯普金斯先生說：「我覺得他應該是跟賣象的商人有勾結。他們想敲詐我們，逼我們買不需要的東西。」

「但我們**的確**得騎大象，」教授回答，「我們不能騎在會四散的動物身上，就像散開的撞球一樣。我們必須要坐在重的動物身上，質量重的話，動量就高，即使速度慢也一樣，而且這代表波長也比較小。之前我告訴過你，位置與速度測不準的程度，端視質量而定；質量愈大，不確定性就愈低。所以我們在平日生活中不會觀察到量子定律，連灰塵這麼輕的粒子也看不出來。電子、原子、分子倒是可以，但一般大小的物體就不行了。然而量子森林裡的普朗克常數就很大；

只是就算在量子森林，那裡的普朗克常數還是不夠大，所以不會對大象這種笨重動物的行為造成嚴重影響。量子大象的位置測不準現象，只有在極近距離觀察時才會發現，我們大概只能看到輪廓變得略為模糊而已。聽說這國度的傳說是量子森林的老象會長出長毛，或許就是因為大象輪廓變模糊了。」

在一番討價還價之後，教授同意支付某個價錢；於是他與湯普金斯先生爬上大象，坐進大象背上綁的一個籃子裡。年輕的嚮導則坐到大象的頸子上，他們出發前往神祕的森林。

他們大概花了一小時才抵達量子森林外圍。進入森林之後，湯普金斯先生注意到樹上的樹葉都在簌簌作響，可是現在明明沒有起風，於是他問教授為什麼會這樣。

「喔，那是因為我們在看樹葉。」教授回答。

「看樹葉？這跟樹葉簌簌作響有關係嗎？」湯普金斯先生驚訝地說：「樹葉這麼害羞嗎？」

「我大概不會這麼形容，」教授微笑回答：「這是因為在觀察時，你勢必會干擾到觀察的對象。比起我們那邊的光子，這裡的陽光光子顯然帶有更大的力量。因為這個世界的普朗克常數很大，所以這裡也比我們的世界更粗魯。這邊不存在輕柔的動作，例如若某人想拍拍狗兒，要不就是狗兒完全感覺不到有人在拍，要不就是那人拍第一下的力量就會拍斷狗兒的脖子。」

他們緩緩穿越樹林時，湯普金斯先生想到一件事。「如果沒有人在看呢？」他問道：「這樣一切就會正常運作嗎？我的意思是，樹葉的行為會像我們一般認知的那樣嗎？」

「誰知道呢？」教授若有所思地說：「如果沒有人在看的話，誰

會知道樹葉是什麼樣子呢？」

「你的意思是那比較偏哲學，而不是科學嗎？」

「如果你想說那是哲學的話也可以。但其實這問題可能根本沒有意義。至少在**科學**裡有一條絕對的基本原則，那就是**不要討論那些無法以實驗測試的事**。這項原則是所有現代物理理論的基石。哲學可能就不一樣了，或許某些哲學家會試圖超越這項原則。例如德國哲學家康德就花了許多時間，思考物體的性質，他覺得物質其實不是『我們看到』的樣子，而是『物體本身』的樣子。然而對現代物理學家來說，只有所謂的『可觀測』對象才有意義，也就是我們測量可得的結果，例如位置、動量等等。所有現代物理都是立基於相互關係……」

此刻突然出現嗡嗡聲，他們抬頭一看，發現空中有隻黑色大蟲在飛，它的體積大概是牛虻的兩倍大，看來十分兇猛。年輕嚮導高聲警告，要他們低下頭。年輕人拿出一支蒼蠅拍，迅速用蒼蠅拍揮打想攻擊他們的牛虻。那隻大蟲變成一團模糊的物體，這團物體又變成一片迷霧般的雲，包圍住大象和他們。此時嚮導用力地向四周拍打，不過他主要是朝雲霧最密集的地方攻擊。

「啪！」年輕人成功打到牛虻了，雲霧立刻消失，他們看到死掉的牛虻摔向一旁，在空中畫出一道弧線，掉進地下茂密的矮樹林裡。

「幹得好！」教授高聲叫好，年輕人也露出勝利的微笑。

「我不太懂剛剛是怎麼……」湯普金斯先生喃喃問道。

「沒什麼，」教授回答，「因為那隻蟲很輕，所以當我們看到它後，蟲的位置就急速變得非常不確定。因此最後出現一片『大蟲機率雲』圍住我們，就像原子核外面籠罩著『電子機率雲』一樣。這時候，我們再也無法清楚判斷那隻蟲在哪裡；不過在機率雲密度最大的地方，就最有可能找到那隻蟲。你剛剛有看到那年輕人主要都朝雲

大蟲機率雲圍繞著他們

霧最密集的地方揮打吧？他的策略是正確的。這樣就可提高蒼蠅拍與牛虻互相接觸的機率。你知道的，我們在量子世界裡無法精確瞄準目標、一擊必中。」

他們又重新開始前進，教授繼續說：「這跟在我們的微觀世界裡觀察到的現象一模一樣。例如電子圍繞原子核的行為，跟剛剛牛虻圍繞大象的樣子就很像。就像剛才年輕人打牛虻的情況一樣，我們也很難只用一顆光子就打到原子內的電子。一切都由機率決定，要看機會有多大。若對原子射出一束光，大部分的光子都無法擊中電子，這些光子會毫無影響地直接穿過原子。你只能希望其中有一個光子正中紅心。」

「聽起來很像量子世界中的可憐狗兒會被拍死的情況。」湯普金斯先生發表心得。

這時候他們走出了森林，進入一片高地，可以鳥瞰整片鄉間。下方是一片平原，其中有排茂密樹木將平原一分為二，樹木鄰接著乾涸河床的河岸，一直向外延展。

「你看，有瞪羚！好多隻！」教授興奮地低聲對湯普金斯先生說，用手指向右方一群靜靜吃草的羚羊。

但湯普金斯先生注意到的是躺在樹林另一側的動物。他看到三隻成群的雌獅子，接著在不遠處又有一群，隔了一段路又是一群獅子。這些一群群的雌獅排成一列，剛好與樹木平行。而且每群獅子間的距離都剛好相等。湯普金斯先生覺得很奇怪，這幅景象讓他想到家鄉每周一到五早晨的火車月台。長年固定搭早上七點五分那班車通勤的人，都很清楚火車進站時的車門可能靠近哪個位置。除非車門打開時你正好站在門前，否則就別想搶到坐位。所以像湯普金斯先生這種通勤老手都會聚成一群又一群，以等距的間隔沿著月台排列。

　　所有雌獅都渴望地盯著樹林間的兩條窄縫看。湯普金斯先生還來不及問到底是怎麼一回事前，突然右手邊的遠處發生了騷動。一隻雌獅驟然從匿身處跑出，衝進了開放的草原上。瞪羚看到獅子後立刻如驚弓之鳥，魯莽地奔向樹林間的兩個窄縫。

　　當瞪羚穿過窄縫衝向另一側時，突然發生了非常奇異的現象。瞪羚不再像剛剛一樣是成群結隊，也不是向四處分散逃跑，而是變成一排排的條狀隊伍，每一排瞪羚**都直奔向某群等在那邊的雌獅子**。這些自投羅網的瞪羚一跑到獅群前，就遭到獅子攻擊，變成牠們的食物了。

　　湯普金斯先生嚇呆了。「這太不合理了！」他大叫。

　　「可是其實**很合理**，」教授喃喃說道：「再合理不過了。是楊格的雙狹縫，太妙了。」

　　「誰的雙什麼？」湯普金斯先生呻吟道。

　　「啊，抱歉，恐怕又是一段麻煩概念了。這是一個實驗，實驗者對著屏障上的兩個狹縫發射一束光。如果光束是由粒子構成的話，例如噴漆罐噴出的噴漆就是粒子，那麼在屏障的另一側將看到兩束光穿出，一個狹縫一束光。但如果光束是波的話，那麼一個狹縫就等於一個波源，這時光波會朝遠端散開，彼此重疊。這兩片波的波峰與波谷彼此會混合、干涉。若某些方向的波列不同步，一方的波峰遇上了另一方的波谷時，兩者將互相抵銷，這些方向就觀察不到波了。這種現象稱為**破壞性干涉**。其他某些方向則相反，波列會同步前進，因此雙方的波峰剛好重疊，波谷也彼此相合；於是波峰、波谷都增強了，讓這些方向的傳導波變得更大。這種現象則稱之為**建設性干涉**。」

　　「你的意思是說在狹縫的另一側，會出現建設性干涉造成的分離光束，而中間什麼都沒有的部分，就是發生破壞性干涉的地方嗎？」

這讓他想起了火車月台……

　　「沒錯。這實驗不只可用兩束光來做，也可以用許多束間隔相等的光束來實驗。光束從狹縫射出的角度，會受到光束最初的波長及兩個狹縫間的距離影響。如果出現的傳導光束超過兩道的話，就代表實驗對象是波，而不是粒子。這個實驗叫做『楊格雙狹縫實驗』。物理學家楊格用這個實驗證明了光束是波。而在我們眼前的這個版本，」教授比向他們下方的獅子打獵景象，「說明了瞪羚的行為也是波。」

　　「我還是不太懂，」困惑不已的湯普金斯先生再度提問，「為什麼瞪羚會採取那種自殺式舉動呢？」

　　「牠們沒得選擇。干涉的模式決定了瞪羚可能會出現的位置。瞪羚從兩個狹縫跑出後，到底會往哪個方向跑，這是很難確定的。唯一能在事前知道的，是瞪羚在某些方向出現的可能性比較高，某些方向則比較低。所以瞪羚只能跑過狹縫才知道結果了。可惜這些雌獅子是經驗豐富的狩獵者。牠們知道瞪羚的平均重量和奔跑速度，重量和速度決定了瞪羚的動量，因此也可知道瞪羚束的波長。另外獅子也知道樹林內兩個狹縫的距離；這麼一來，獅子就可算出要在哪裡等著大餐送上門了。」

　　「所以這些雌獅子很會算術囉？」湯普金斯先生難以置信地驚嘆。

　　教授笑了起來。「不，我想應該不是。小朋友也不會先計算拋物線軌跡，再去定點接球吧。或許這些獅子只是靠直覺判斷而已。」

　　他們看著眼前的大草原，剛剛到樹林對面威嚇瞪羚的獅子也回到某群獅子旁，一起分享大餐。

　　「真是厲害，」教授發現，「你看到獅子剛才穿過樹間狹縫的速度有多慢了嗎？因為牠的質量比一般瞪羚重很多，所以牠顯然知道自己必須彌補這差異。如果移動速度較慢的話，獅子也可擁有跟瞪羚一

樣的波長,於是獅子就能確切地繞射到跟某群瞪羚一樣的方向,好好享受其中一頓大餐了。演化生物學家一定會想在這邊進行一整天的野地調查,觀察這個環境的天擇行為……」

這時突然出現高亢的嗡嗡聲,打斷了教授的話。

「小心!」嚮導大喊:「又有一隻蟲要攻擊我們!」

湯普金斯先生趕緊趴低,外加拉起大衣護住頭。只不過他拉到的不是大衣,而是床單;嗡嗡聲也不是來自要攻擊他們的量子蟲,而是他鬧鐘的鈴聲。

第十章
麥克斯威爾惡魔

在接下來的幾個月裡，湯普金斯先生與慕德一起參觀藝廊，討論他們看的展覽有什麼優、缺點。湯普金斯先生最近剛了解量子力學，他竭盡全力，想讓慕德一窺量子力學的神祕。而當慕德與商人、藝廊主人交涉時，湯普金斯先生的數學頭腦對商業相關事項也幫上了大忙。

到了時機恰當的時候，湯普金斯先生鼓起勇氣，向慕德求婚，她的肯定答覆讓湯普金斯先生十分欣喜。他們決定要在諾頓農場建立家庭，這樣慕德就不用放棄自己的工作室了。

某個周六早晨，他們正在等待慕德的父親前來用午餐。慕德坐在沙發上閱讀最新一期的「新科學家」。湯普金斯先生則坐在餐桌前，努力整理慕德的納稅申報表。在詳細檢視了一疊疊的美術用品收據後，湯普金斯先生表示：「我發現一件事，我可能沒辦法早早退休靠太太的收入過活；這麼做還嫌太早了。」

「我也發現我們兩人不能光靠你的收入生活。」她頭也不抬地回答道。

湯普金斯先生嘆了口氣，把收據收好，放回文件盒裡。他拿起報紙，跟慕德一樣坐到沙發上。快速瀏覽過彩色插頁後，某篇有關賭博的文章吸引了他的注意力。

過了一會兒，湯普金斯先生說：「嘿，我覺得這是解決的辦法。一種穩贏的賭注系統。」

「是嗎，」慕德心不在焉地嘟囔著，依然在看她的雜誌。「誰說的？」

「報上說的。」

「喔，報紙嗎，那一定是真的。」她語帶懷疑地回答。

「是真的。聽我說。例如妳下注在第一匹馬身上，以贏得一英鎊。如果贏了，那很好，妳就把這一英鎊存到銀行裡。」

「如果輸了呢？」

「如果輸了，就再賭第二匹馬，不過這次要提高賭注，這樣贏錢時才能拿回第一輪輸掉的賭金，外加第二輪贏來的一英鎊。這樣妳可以把一英鎊存到銀行裡，毫無損失。如果妳第二次也輸了，那麼第三輪也要繼續提高賭注，以彌補前兩輪輸掉的賭金，然後還可以贏得一英鎊。很簡單吧。這麼一來，不管妳輸的次數有多少，最後妳依然可以贏回之前幾輪比賽輸掉的錢，那都只是暫時的損失而已，而且這種賭法還可以賺到一英鎊的利潤。」

「可是一英鎊並不多。」慕德說，她還是不太相信的樣子。

「剛剛說的只是開頭，」湯普金斯先生興奮地說，「文章上寫，妳要把贏的一英鎊存到銀行，不能去動它。然後再重複前面的所有動作。在某匹馬身上下注以贏得一英鎊；如果輸了，就提高賭注來彌補損失，外加多賺一英鎊的利潤。只要一直重複這些步驟，直到最後再度贏錢為止，如此就可以再存一英鎊到銀行裡。現在妳就有兩英鎊了，然後是三英鎊、四英鎊，**永無止盡地贏錢**。怎麼樣呀？」他得意洋洋地做出結論。

「這個嘛，我也不知道，」慕德回答，略感困惑，「我父親總是說不可能有萬無一失的賭博機制。」

「沒有嗎？這種方式的缺陷在哪裡？」湯普金斯先生要求慕德回

答，「這樣吧，我來證明。現在我立刻去實踐這方法。」他說完後，就翻到運動版的賽馬頁面，閉起眼睛，用手隨便一指。「黑杜克賠率二‧三〇的『魔鬼的喜悅』。反正選哪匹馬都沒有差別。好，我現在馬上就去投注站。」

他起身，穿上夾克走向門口。不過他還來不及走到大門，門鈴就響了，慕德的父親來了。

「喔，你要出門嗎？」教授問道。

湯普金斯先生解釋自己正在做什麼。

「我懂了，」教授含糊回答，「又是那老掉牙的把戲。」教授從湯普金斯先生身旁走過，去跟他女兒打招呼。這天天氣溫暖宜人，於是他們都坐到外面露台的椅子上。

你一定會賺錢

「每賭必勝的賭博系統嗎？」他喃喃說道，「我已經聽過幾百次**這種話**了。」

湯普金斯先生順著教授的話承認：「我知道聽起來好像不可能。但這個方法不一樣。你一定不會輸錢。你**肯定會贏錢**。這個方法不會出錯的。」

「真的嗎？」教授微笑回答，「那麼就讓我們來看看吧。」在短暫閱讀文章之後，教授接著說：「這套系統最明顯的特點，就是賭注金額的規則，規則要求你每次輸錢後都要提高賭金。假設賭博的輸贏是交替出現，而且完全規律，那麼你的資本也會上下起伏，每次增加的金額都會略高於之前損失的金額。想當然耳，在這種情況下，你的資本會隨賭博次數而逐漸增加，可能到某一刻就能成為百萬富翁。」

「我剛剛就是這樣說的。」

「不過你一定知道，那種規律輸贏的情況是不會出現的，」教授繼續說，「事實上，這種一輸一贏規律輪流出現的機率，跟連續在相同次數賭局中獲勝的機率一樣低。所以我們一定要考慮連續數次贏錢或輸錢的話，情況會變得怎麼樣。」

「如果你有賭徒說的好手氣，就可能連續贏錢。不過因為每次只贏得一英鎊，所以你贏到的總金額也不會多高。另一方面，如果手氣不好，你很快就會碰上大麻煩。因為為了彌補之前輸掉的賭金，你必須提高賭注的金額，但你將發現賭注提高的速度很快，沒多久就會榨乾你的錢，讓你沒辦法再賭下去。例如，假設賭金的賠率為一比一（一英鎊的賭金可以贏得一英鎊），在連續輸了五次之後，接下來你必須下注三十二英鎊才能彌補之前的損失，並且賺到一英鎊的利潤；連續輸十次之後，賭金變成一○二四英鎊；輸十五次之後，你就必須要下注三萬兩千七百六十八英鎊，全都只為了贏一英鎊而已！若把你

的資本變動畫成圖表，圖裡會包含數個緩慢上升的區域，間接穿插著上升趨勢中斷的急遽下降區塊。剛開始賭博時，似乎你可以慢慢沿著緩慢上升的曲線一直往上，欣喜地看著資本慢慢地穩定增加。但如果你為了賺更多利潤，延長賭博時間的話，那你將會毫無預警地遇上大失血，嚴重到賭光最後一毛錢。

「重點在於你的荷包有限。所有利用這手段的賭徒，身上的資金都有限。他們或許會擁有大筆資金，但絕對都是**有限的**。所以根據平均律，最後**一定**會出現連續手氣不佳的時候，讓賭徒把身上所有資金都賠到一毛不剩。一般來說，不管是採用前述方法或其他類似手法，你贏錢讓本金翻倍的機率，跟你輸光的機率是一樣的。換句話說，你玩到最後贏錢的機率，其實跟一口氣把所有錢拿去賭硬幣正反面的贏錢機率一樣，要不就是翻倍，要不就是輸光。剛剛說的那種賭博手法只是讓你能延長賭局，享受更多賭錢的快樂（或痛苦）而已。

「當然我前面說明時，都假設賭馬業者沒有抽成，但事實並非如此；所以情況會比我剛剛說明的更糟。對，你利用這套萬無一失的賭博手法後，唯一一位保證能在最後過得富裕又快樂的人，就是賭馬業者。」

「你的意思是說，所有的贏錢手法都必須冒著更高的輸錢風險嗎？」湯普金斯先生沮喪地說。

「正是如此，」教授說，「此外，我剛剛說的不但適用於機率遊戲這種小問題，而且也可套用在多種物理現象上，這些現象乍看之下都跟機率法則毫無關聯。在物理學裡，如果你可以架構一套擊敗機率法則的系統，那麼你就能用這套系統做一些比贏錢更刺激的事了。你可以造出不用石油就能跑的車子，或是不用煤炭、石油就能運轉的工廠，還有其他許許多多神奇的事，都可以辦到。」

「真的嗎？」湯普金斯先生問，這下他開始感興趣了，於是又坐回沙發上。「我在書上看過類似的機器。永動機，對吧？但我以為不可能做出那種不用燃料就能動的機器；你不可能讓能量無中生有吧。」

「說的沒錯，好孩子。」教授表示贊同，他很開心地發現自己成功把女婿的注意力從草率的賭博手法，吸引回他最愛的主題，也就是物理上了。「這種永動機稱為『第一型永動機』，無法成功製造這型永動機的原因，是因為它違反了能量守恆定律。但是我想到的無燃料機器卻不一樣，通常稱之為『第二型永動機』。這類機器並非以無中生有的方式產生能量，而是要**提取**能量；從周遭地表、海洋或空氣中的熱源提取存在的能量。拿蒸汽船來說好了，我們可讓蒸汽船的鍋爐從周圍的水擷取熱能，不用燒炭或石油。也就是要迫使熱能從低溫處傳至高溫處，不過這當然違背了熱能一般的正常行為。」

「這主意聽起來不錯，」湯普金斯先生很感興趣，「我們可以建造一個系統汲取海水，擷取出水含的熱能，放入鍋爐中，剩下的那些冰塊直接丟下船就好了。我記得以前上課時好像學過當約三・七公升的冷水結成冰時，釋放出的熱能也足以讓相同體積的水溫上升到接近沸點，沒錯吧？所以我們只要每分鐘汲取幾公升的海水，就可以輕鬆收集到讓大型引擎運轉的足夠熱能了。你知道嗎，我覺得我們找到了可行之道！」

「午餐好囉。」慕德從餐廳對他們喊。兩位男士一直沉浸在對話裡，連慕德離開去做飯都沒注意到；湯普金斯先生與教授回到屋內，走到慕德旁邊。

他們坐到餐桌前時，湯普金斯先生說：「別管賭馬了，慕德。妳爸想到了一個絕對能成功的做法！」

　　湯普金斯先生夾了一些蔬菜後，突然停下動作，皺起眉頭。他轉頭問教授：「可是……如果剛剛的辦法真的有那麼好，為什麼之前沒有人想到過呢？」

　　教授微笑說：「已經有人想到過了。從實用的程度來說，第二型的永動機其實跟憑空製造能量的的第一型一樣好。若機器安裝這類引擎的話，再也毋須擔心燃料費用或保護能源的事了。然而問題是第二型的機器也跟第一型的機器一樣，都是不可行的。」

　　「為什麼？」

　　「因為機率法則，」教授回答，「也就是讓那套必勝賭博手段慘敗的機率法則。」

　　「抱歉，我不懂這其中的關係。為什麼會跟機率法則有關？」

　　「嗯，熱傳導過程本身會受機率影響，跟賽馬、擲骰子、轉輪盤等等賭博很像。想要讓熱能從溫度低的一方傳至溫度高的一方，其實就像希望錢從賭馬業者的口袋跑進你的口袋一樣；或者也像希望鹽會自動過來灑在我的盤子裡，不用別人把鹽遞給我一樣。」

　　「鹽？什麼……」

　　「塞瑞爾。」慕德輕聲埋怨他，點頭比向鹽罐。

　　「啊，真抱歉，」湯普金斯先生滿懷歉意地說，他把鹽罐遞給岳父，「我沒注意到。」

　　「要不要改變話題？」慕德提議，「至少等吃完再說。」

　　吃完午飯後，他們決定到屋外喝咖啡。教授問湯普金斯先生要不要來杯威士忌。「反正只是偶爾喝一次，孩子。我不習慣中午吃這麼豐盛，喝杯酒可以讓我的胃舒服點。」

　　他們坐上做日光浴的躺椅後，教授神祕兮兮地悄聲問湯普金斯先生：「你想不想重拾剛剛的話題？」

　　旁邊的慕德聽到他的話，語氣溫和地反對：「可是今天是**星期六**。我們應該規定周末不能說這種長篇大論的。」

　　兩位男士假裝沒聽到，又重回剛剛的機率問題。

　　「你對熱有什麼了解呢？」教授問道。

　　「一點點，不多就是了。」

　　「好。其實熱是原子與分子在迅速地不規則移動。我想你當然知道所有物體都是由原子組成的吧？你也知道原子會彼此連結，組成分子吧？」

　　湯普金斯先生點點頭。

　　「那好，」教授繼續說，「分子的運動愈激烈，物體溫度就愈高。因為分子運動是不規則的，所以會受機率法則影響。若某個系統是由眾多粒子組成的話，這個系統最有可能的狀態是，所有可用的總能量都大致均勻地分布在各個粒子間，這是很容易證明的現象。如果因為某種原因，導致物體的某一部分變熱，使那一區塊的粒子運動變快的話，此處發生意外碰撞的次數將會增加，這股新增的能量很快也會平均分布到其他粒子身上。

　　「但因為分子間的碰撞純屬隨機，所以也可能剛好由某群粒子獲得較多的可用能量，使其餘粒子獲得的能量變少。」

　　「所以那一側的溫度會上升？也就是某一部分的溫度提高，但另一部分卻比較低溫嗎？」湯普金斯先生大膽發問。

　　「說得沒錯。熱能會自發集中到物體的某一特定部分，這時熱能傳導的方向是從冷到熱，剛好與溫度梯度**相反**。我們不能排除發生這種現象的可能性，至少理論上是有可能的。然而如果我們計算熱能自發集中的機率，會發現這種機率值非常微小，也就是這現象實際上根本無法利用。」

「那我這樣說對嗎？你的意思是第二型永動機理論上**的確**可運作，並非**完全**不可行。但是可行的機率卻微乎其微，就像是連續擲一對骰子一百遍，每次都出現兩個六點一樣難。」

「對，類似那樣。不過機率比擲骰子還要低很多，」教授說，「其實，能在大自然的賭局中獲勝的機率實在太低了，因此很難找到合適的方式來說明。例如，我可以計算出餐廳內所有空氣都自動集中到餐桌下，導致其他地方變成真空狀態的機率。房裡的氣體分子數量就像是你每次擲出的骰子點數，因此計算時我也必須知道房內有多少氣體分子。我記得大氣壓力下一立方公分的空氣中，包含了約10^{20}個分子（一後面接二十個零，知道吧？）。所以整個房間的氣體分子總共約有10^{27}個。桌子下方的空間大小，大概約占了房間體積的百分之一吧。因此每個分子待在桌下而不是其他地方的機率，也是百分之一。所以假如要計算所有氣體分子皆同時位於桌下的機率，就必須根據房內氣體分子的數量，將一百連乘。所以最後的機率是10^{54}分之一。」

「天呀！」湯普金斯先生驚呼：「只有賭性超級堅強的賭徒才會賭這種機率！」

「沒錯，」教授也同意。「相信我，你不會因為所有空氣都聚到桌下而窒息身亡。你杯裡的咖啡也不會上半部沸騰蒸發，下半部卻結成冰塊。」

他們笑了起來。

「然而這種特殊的現象還是**有可能**發生吧？」湯普金斯先生不肯放棄。「應該有吧？」

「對，當然有。例如那邊地上的分子振動可能突然同時受到向上的熱速度影響，導致那邊的澆花壺突然掉下露臺，這也不算完全不可

能發生的事。」

「昨天剛好有發生這種奇怪的事，」慕德插話道：「塞瑞爾，記得嗎，你昨天倒車時，結果垃圾桶……」

「別說了，別說了。」湯普金斯先生打斷她的話。

「發生什麼事？」教授問道。

「沒事，沒事啦。」湯普金斯先生趕忙說。

教授呵呵笑了起來。「不管垃圾桶發生了什麼事，我想你都可以怪到麥克斯威爾惡魔身上。」

「麥克斯威爾惡魔？那是什麼？」

「這是著名的物理學家麥克斯威爾提出的一種『統計的惡魔』概念，挺有趣的。他用這個概念解釋了我們剛剛討論的內容。麥克斯威爾惡魔是一個機靈的小傢伙，他會觀察每個分子，依照自己的需求改變分子行進的方向。如果真的有這種惡魔，他可以改變所有快速運動分子的方向，使這些分子全往某一特定方向前進；然後讓慢的分子轉彎往相反方向。這麼一來，他就可以讓熱能以違反溫度梯度的方向傳導；也就是違反熱力學第二定律的『**熵增原理**』。」

「熵？那是什麼？」

「喔，『熵』是用來說明在某一物體內或物體組成的系統內，分子運動的不規則程度。例如若所有氣體分子聚集到餐桌下，房裡其他地方都沒有氣體分子的話，這是非常有秩序的排列方式。假如所有氣體分子四散分布在房裡，那就是非常不規則的排列方式。例如像露臺地上的分子，如果地上所有分子都一起朝上振動，就是很有秩序。如果所有分子都往各種不同方向振動，那就是不規則。在高秩序的狀態下，熵比較低；而較沒有秩序的狀態裡的熵則比較高。在自然情況下，分子之間的撞擊是不規律、毫無系統的，因此分子發生撞擊時，

通常熵都會提高。所以，所有統計集成最可能出現的狀態，是絕對不規則的狀態。」

「簡單來說，就是若讓物體自行動作的話，它們會全部混合在一起，而不會自行分門別類囉？」湯普金斯先生提出意見。

「對，你也可以那樣說。」教授同意。

「才不是**爸爸**說的那樣呢。他只不過想讓事情聽來很科學而已。」躺在躺椅上的慕德說，她睡眼惺忪地伸完懶腰，拿了個帽子放到臉上，遮蔽直射雙眼的陽光，她用模糊的聲音加了句話：「別被他的行話騙了。『熵』？拜託！」

「謝謝妳，親愛的，」教授縱容地說，「我剛剛說的是，如果真的能讓麥克斯威爾惡魔工作，他馬上可使分子的運動出現規則，有如一隻在趕羊的優秀牧羊犬一樣。於是整體的熵就會降低。我應該也要說明一下波茲曼提出的所謂『Ｈ定理』……」

教授顯然忘記自己不是幫進階課程的學生上課，他繼續滔滔不絕地解說；諸如「廣義參數」、「準遍歷性系統」等等複雜字眼都出現了。很明顯地，教授認為自己正在清楚解說熱力學基本定律與吉布斯的統計力學間的關係。湯普金斯先生已經適應岳父這種愛長篇大論的習慣了，所以他繼續喝著咖啡，很滿足地假裝自己聽得懂。

不過這對慕德來說就太過頭了。她的眼皮愈來愈重，不過她想起碗盤都還沒洗，所以為了消除睡意，她決定進房裡收拾碗盤去，待會兒就可讓這兩位男士直接洗碗。

當慕德走進廚房時，出現一位打扮優雅的高個子管家鞠躬問她說：「太太，有什麼吩咐嗎？」

「沒有，你繼續工作吧。」慕德回答，她覺得有點莫名其妙，心想家裡怎麼請了位管家。或許她丈夫賭馬還是賭贏了，或許他拿永動

機去申請專利了也不一定。這位身材高瘦的管家有著橄欖色的皮膚，長而尖的鼻子，他碧綠的雙眼裡似乎閃動著奇異的耀眼光芒。慕德注意到管家已經把碗盤洗乾淨，似乎才剛擦完碗盤而已。慕德看到管家前額上長了兩個對稱的隆起，半掩在他的黑髮下。這位管家長得跟惡魔梅菲斯特非常像。

慕德想不到什麼可說的，就問道：「我丈夫什麼時候雇用你的？」

「他沒有雇用我，」這位陌生管家回答，他正在把拭布摺疊整齊，「其實我是自己想來的。我非常喜歡讓事物秩序井然，我**受不了**一團混亂。我過來是想告訴您父親，其實我並非像他以為的只是一個神話而已。可是我經過廚房門前時，剛好看到廚房水槽的可怕樣子；抱歉，我無意冒犯。我相信之後一定會有人來清理乾淨，但我就是忍不住。我**必須**讓這裡有點秩序。我的天性就是如此，雖然有些違背自然。請容我自我介紹一下，我是麥克斯威爾惡魔。」

「原來如此，」慕德鬆了一口氣，「那就好，我還以為你是……」

「對，我知道。大家常把我誤認為他。但請不用害怕，我是無害的。我可能會做個奇怪的惡作劇，不過就只是惡作劇。事實上，我正想要對您父親做個惡作劇。」

「到底是什麼……」慕德不太了解地問道，「我不確定我爸爸會欣賞……」

「別擔心，只是好玩而已。我希望向他說明增熵定律是可以打破的。而且我也希望能讓您相信這一點，您可以跟我一起來嗎？」

還沒等到慕德回答，他就握住慕德的手肘。慕德身邊的一切突然變得十分詭異，廚房裡熟悉的物品開始以極速膨大，還是她跟惡魔開

始以極速縮小了？慕德瞥見某個椅背擋住了整片視野；隨後情況總算平靜下來。她發現自己在空中飄浮，管家牢牢抓住她的手臂，扶穩了她。她們身邊出現網球大小的霧狀球體，這些物體兩兩成對，從四面八方颼颼飛過。這些感覺很危險的球體有一個差點擊中慕德，讓她嚇了一大跳。

「這些是什麼東西？」慕德問。

「空氣分子，」麥克斯威爾惡魔回答，「那邊那顆是氧氣，這顆則是……快彎身！」他熟練地改變兩人方向，避免撞上分子。「剛剛的是氮。」

慕德往下看，看到了一個像釣魚小船的物體，有一大群跳動的魚隻覆蓋住整片甲板，閃閃發亮。可是當他們靠近之後，慕德發現那些東西根本不是魚，而是一堆翻滾的霧狀球體，這些球體跟剛剛在空中飛過的球體不同。惡魔堅定卻很有禮貌地領導慕德更靠近下方。現在慕德可看見球體毫無秩序地移動著。某些浮上了表面，某些則沉下去。偶爾會有一個球體迅速衝上表面，速度快到足以掙脫其他球體的拉力，獨自飛進空中。有時在空中飛行的其他球體也會沉進「湯」裡，消失在數以千計的球體裡。

慕德更仔細地觀察湯後，她發現裡面的球體有兩種。如果說大部分看起來像網球的話，另外還有一種則比較大、比較長，形狀很像橄欖球。所有球體都呈半透明，內部結構看來似乎很複雜，慕德無法完全弄清楚是什麼結構。

「我們在哪裡？」慕德倒抽一口氣，「這裡是地獄嗎？」

「當然不是，」惡魔直截了當地否認，「我剛剛說過了，我不是您以為的惡魔。這是您父親將要喝的威士忌；我們正從非常靠近的位置觀察威士忌液體表面的一小部分；不過現在得先等他說完準遍歷

那些東西根本不是魚

性系統，他才會喝。那些較小的圓球是水分子；較大、較長的則是酒精分子。如果您有興趣計算比例的話，就會發現您丈夫倒的酒有多烈了。」

這時候慕德注意到水裡有一對鯨魚在玩耍。

「那是原子鯨魚嗎？」她指向鯨魚問道。

惡魔看向她指的地方。「不是，不是，」他笑著回答，「那是大麥，優質的烘焙大麥的碎片，也就是讓威士忌帶有獨特香氣與色澤的成分。所有碎片都是由數億個複雜的有機分子組合而成，因此這些碎片與單獨的分子相比之下，體積較大，質量也較重。其實這很好玩，請看看大麥彈跳的樣子，看到了嗎？」

她點點頭說：「看到了，為什麼它們會那樣？」

「因為旁邊的分子不斷撞擊它們。分子從熱運動中獲得能量，然後撞擊到大麥碎片。一顆分子的衝擊還不至於帶來多大效果；但有時可能會有某一側意外受到較多衝擊，這些衝擊加總之後，就會將大麥往衝擊的方向推進，不過只是短暫的一瞬而已。接著大麥又會被推往另一個方向，以此類推。這就是為什麼大麥會一直彈跳了。

「其實這也是科學家首度直接證實『熱動力理論』的方式；他們證明了物質是由運動中的分子組成的。因為分子太小，所以無法用顯微鏡觀察，可是如大麥碎片這種中等大小的粒子，就可以觀察得到了。此外，您可以看到大麥像在搖動一樣，這稱為『**布朗運動**』。物理學家測量分子左右移動的路徑，利用統計分析之後，就可獲得分子運動能量的相關資訊，而且不用直接觀察個別的分子。很聰明吧？」

惡魔帶領慕德更靠近液體表面。慕德看到了無數個分子緊密排列，像磚塊一樣構成了一塊透明方塊。方塊筆直光滑的表面浮出了威士忌海的表面。

「太驚人了！」慕德讚嘆道，「看起來好像玻璃的辦公大樓。」

「不是玻璃，是冰，」惡魔糾正她，「這是您父親杯中冰塊的一部分冰結晶。請您坐在這裡等候一下。」惡魔說。他讓慕德坐在冰晶邊緣，像個不開心的登山客在休息一樣。惡魔說：「我有工作要做。」

惡魔拿出像網球拍的工具，潛入威士忌海裡。他在裡面到處游，慕德看到他使勁揮打身邊的分子。惡魔快速往某些方向游去，讓某些分子轉往另一方向前進，另外又讓某些分子往其他方向前進。慕德一開始還不懂他為何要這樣做。不過後來就可看出他分類的根據何在；他將快速移動的分子導引到杯中的某位置，移動較慢的分子則移往相反方向。慕德不禁讚嘆起他的速度與靈敏程度。這麼快的反應！這麼棒的技巧！跟慕德眼前的畫面相比，溫布頓網球公開賽還有得學呢。

幾分鐘後，惡魔的工作成果已清晰可見。一群移動緩慢、安靜的分子覆蓋了一半的液體表面，而另一半的運動則變得愈來愈激烈。從液體表面蒸發出去的分子急速增加，現在都是由數千個分子一起形成超大的泡泡，穿出液體表面消失在空中。因為分子實在太多了，所以慕德只能從許多群瘋狂運動的分子間，偶爾瞄到快速揮舞的球拍或惡魔燕尾服的尾巴而已。

突然惡魔出現在她身邊。

「快！」他說，「我們得在燙傷前離開。」

說完後，他再度牢牢抓住慕德的手肘，將她往上推。慕德發現自己正在露臺上方高高盤旋著，俯視著她的爸爸和丈夫。她爸爸站起身。

「我的老天爺！」他驚叫，困惑地盯著威士忌酒杯看。「酒滾了！」

　　沒錯，酒杯裡的威士忌滿是急速浮起的泡泡，一陣白茫茫的蒸氣向上飄到空中。

　　「你看！」教授用崇敬的口吻顫抖地說：「我剛剛才在跟你說熵定律的統計波動，結果現在居然親眼看見了。因為某種神奇的機遇，或許這是開天闢地第一次，快速移動的分子全都意外聚集在水表面的一側，使得水開始沸騰！或許直到未來的數十億年後，我們都還是唯一有幸親眼觀察到這種特殊現象的人！太幸運了！」

　　慕德繼續在空中俯視時，從杯中升起的水蒸氣逐漸圍繞住她。很快她就什麼都看不見了，她覺得又熱又悶，無法呼吸。慕德緊張地大口喘氣，努力掙扎。

酒滾了

「妳還好嗎，親愛的，」湯普金斯先生問道，輕輕推著慕德的手肘。「妳聽起來好像在帽子下喘不過氣了。」

慕德清醒過來，拿開帽子，落日的陽光讓她瞇上了眼。

「不好意思，」她咕噥著說：「我八成是睡著了。」

慕德躺在椅子上，想起某個朋友最近跟她說夫妻會變得愈來愈像。她很難說自己喜不喜歡像丈夫一樣做這種奇怪的夢。「不過，如果有位聽話的麥克斯威爾惡魔的話，他就可以把家弄得整整齊齊了。」她偷偷在心裡笑了起來。

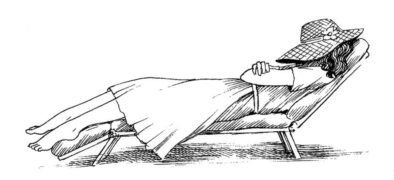

第十一章
快樂的電子族

時間又過了幾天，某日湯普金斯先生吃完晚飯，想起那晚教授要演講有關原子結構的題目。他本來已經答應要去聽了，可是那晚他特別疲倦。因為下班搭火車回家時，沿線發生故障，使得車子誤點。結果火車就在站外等了超過半小時；這天氣溫很高，整個車廂變得悶熱不已，湯普金斯先生到家時已經精疲力竭了。他暗暗希望岳父演講時不會發現自己缺席。可是就當他開始安心看報紙的電視節目表時，慕德打斷了他逃避的美夢。慕德看到時鐘後，以溫柔但堅定的態度告訴他差不多該出門了。

所以現在湯普金斯先生又坐到大學演講廳的椅子上，跟同一群學生一起聽講。教授開始演說了。

各位女士、先生，晚安：

上次我說過要講解原子內部結構的相關細節，以及這些特質對原子的物理與化學性質有何影響。當然，相信各位都知道，現在大家已不再認為原子是物質內不可分割的最小成分了；所謂不可分割的基本成分已經由更小的粒子，例如電子等等取代了原子的地位。

物質最基本的組成粒子，也就是物體內最後一種可分割出來的粒子，這個概念最早可追溯到古代希臘哲學家德謨克利特身上。他是西元前四世紀的哲學家，某天當他坐在樓梯上時，注意到樓梯上有磨損。這讓他開始思考遭受磨損的最小粒子為何。這種物質會是無窮盡

地小嗎？當年的習慣是純粹以思考來解決心中疑問。再說當時也無法用任何實驗手法來尋找這問題的答案。於是德謨克利特只能在心底深處思索正確解答了。在經過某種不為人知的哲學思考過程後，他終於獲得結論，那就是他無法「想像」物質可無限分割成更微小的單位，所以想必一定存在「無法再分割的最小粒子」。他稱這種粒子為「原子」，希臘文的意思是「無法分割」。

我必須指出，除了德謨克利特與他的學生之外，另外當然也有希臘哲學學派認為物質是**可以**無限分割的。不過從那時到後來的數世紀裡，物質是否存在不可分割的最小粒子，都依然只是哲學的假想而已。

直到十九世紀，科學家才確切發現了希臘哲學家二千多年前說的架構物質的最小不可分割粒子。一八〇八年，英國化學家道耳吞提出了相關比率……

從演講一開始，湯普金斯先生就知道自己不該坐在這裡。雖然他聽講時常覺得眼皮很重，但今晚真的是完全忍不住。更糟的是他又選擇坐在最旁邊的位子，所以可以很方便地靠在演講廳牆壁上。他一邊打瞌睡，一邊聽著演講，接下來的演講內容全變得一片模糊。

這時教授的演講成了背景中模糊迴盪的聲音，湯普金斯先生覺得自己愉悅地在空中飄浮。他睜開眼睛時，驚訝地發現自己正以將生命拋諸腦後的速度急速飛過空中。他向四周張望，發現還有其他人也像他一樣在享受快樂飛行。旁邊有好幾個看不清楚的霧狀東西，正圍繞著一個又大又重的多層球狀物體飛行。這些奇怪物體飛行時兩兩成對，快樂地沿著圓形與橢圓形的路徑彼此追逐。當他們繞著中心物體旋繞時，自己也像陀螺一樣打轉；成對的兩個物體都是朝不同方向旋

繞。湯普金斯先生覺得整幅景象有如大家在跳維也納華爾滋一樣。他
覺得自己格格不入。他在這群人中很突兀，因為只有他一人落單。

「我怎麼沒帶慕德一起來呢？」他沮喪地想著，「我們一定可以
在這舞會玩得很開心。」

湯普金斯先生飛行的路徑位於所有人的最外緣，雖然他非常想要
加入其他人的行列，但似乎有某種奇怪力量讓他無法更接近大家。這
讓他身為唯一落單者的不安感又變得更強烈了。

有如在跳維也納華爾滋一樣

　　不過就在這時候，其中一個沿著橢圓形軌道運轉的電子（湯普金斯先生發現自己還是神奇地加入了原子內的電子群裡），與湯普金斯先生擦身而過。湯普金斯先生決定要抱怨一下自己的處境。

　　「抱歉，為什麼其他人都有同伴，我卻沒有呢？」他大聲喊道。

　　「為什麼？因為這是奇數原子。你是價——電子——」那顆電子一邊高喊，一邊又繞回了跳舞的電子群裡。

　　「價電子只能單獨一人，不然就是要從其他原子找同伴，」一個聲音尖銳的女高音電子快速經過他身邊時說：「你不知道嗎？」

　　「如果你想找同伴，就跳進氯裡找吧。」另一個電子諷刺地唱道。

　　「我想你是新來的吧，孩子。」湯普金斯先生上方傳來了一個友善的聲音。他抬頭一看，原來是一位穿著棕色短祭袍的矮胖神父。

　　「我是庖利神父，」那位神父一面說，一面跟著湯普金斯先生一起沿軌道移動，「我人生的使命是照顧原子內、外電子的道德生活與社交生活。我的責任是讓這些愛玩的電子能以合宜的方式，配置在各個不同的量子房間內；這種美麗的原子結構是由偉大的波耳建築師所架構的。為了維持秩序（與恪守禮儀），我從不允許超過兩個的電子沿同一軌道運轉。三角關係總會出現麻煩，你不覺得嗎？你可以注意到，每個電子都剛好配了一位『自旋』相反的同伴，你也可說這是異性的結合。如果已經有一對伴侶進駐某房間的話，其他人就不得闖入。這是很好的規定，而且我得說這規定從未遭打破。顯然所有電子都認為這是合理的規矩。」

　　「或許**的確**是好規定，」湯普金斯先生提出異議：「但以此刻而言，也的確造成我的不便。」

　　「我知道，」神父微笑說：「但恐怕是因為你運氣不好；你剛好

成為了鈉原子的價電子。鈉原子的原子序是奇數，它的原子核電荷足以同時牽引十一個電子（那邊那個深色的龐大物體就是原子核）。十一是奇數，而世上有一半的數值**都是**奇數，因此這是很平常的現象。既然你如此晚才出現，又是最後一個加入奇數原子的人，我實在不懂你為何要抱怨。你只能等一下了。」

「你的意思是我待會就可加入了嗎？」湯普金斯先生急切問道：「例如把某個老傢伙踢出去之類的？」

「等等，等等，」神父嚴厲地對他搖搖胖胖的手指，勸誡他說：「那不是我們這裡該有的行為。你必須學著有耐性。等一下可能裡面某位成員會受到外力干擾而拋出去，這時就會空出空位了。但假如我是你的話，我不會等這種事發生。」

神父的話讓他很失望。「剛剛他們說我移往氯會比較好，」湯普金斯先生說，「請問我該怎麼做呢？」

「年輕人啊，年輕人，」神父難過地喃喃說道，「為什麼你這麼堅持想找到同伴呢？為什麼你不能享受獨自的生活，利用這個天賜良機來平靜思量你的精神深處呢？為什麼你們這些電子總是想追求塵世的生活呢？」神父嘆了口氣，「不過如果你堅持想找同伴，我可以幫你達成願望。」

他專心地觀望周遭。沒多久他露出開心的表情，往某方向指過去。「啊！」他高聲喊，「在那裡。那邊有一個氯原子正往這裡靠近。你看，從這裡就可看到氯原子內有個空位，它們一定會歡迎你加入的。空出的位置是在外圍電子間的『Ｍ殼層』（第三層的電子軌道），這層軌道應由四對共八個電子組成。不過你可以看見，那邊雖然有四個電子往同方向轉，但往另一方向轉的電子卻只有三個，還有一個空位。不過氯原子裡的『Ｋ』殼層與『Ｌ』殼層都已經完全客滿

了。沒錯,那顆原子一定樂於讓你補滿外殼層。」

　　神父開始像在招計程車一樣朝氯原子揮手,想吸引對方注意。

　　「等它靠近的時候,你只要跳過去就好,」他向湯普金斯先生說明,「價電子通常都是這麼做。祝你安康,孩子!」說完這段話後,那位有如電子父親的神父就突然消失在空中了。

　　這下子湯普金斯先生也開心多了,他鼓起勇氣,趁氯原子經過時用力往軌道跳去。沒想到他很輕鬆優雅地就抵達對面,加入了氯原子M殼層的和善電子行列,其他電子溫馨地歡迎他到來。馬上就有一位自旋方向相反的迷人電子羞怯地朝他靠近。

　　「很高興你能加入我們,」她愉快說道,「當我的舞伴吧,讓我們享受這段歡樂時光。」

　　湯普金斯先生與電子沿著軌道,以優雅的姿態滑行著;他必須承認這實在很開心,太好玩了。不過他心中一直默默擔心一件事:「下次見到慕德時,我要怎麼跟她解釋呢?」他略帶罪惡感地想著,不過

空位

氯原子內有個空位

罪惡感很快就消失了。湯普金斯先生偷偷做出判斷：「她一定不會在意吧。畢竟這些都只是電子而已。」

「你剛剛離開的那顆原子怎麼還不走呢？」他的電子同伴噘嘴問道，「希望它不是想把你要回去。」

其實，現在那顆鈉原子失去價電子後，一直緊緊貼在氯原子旁邊。

「你怎麼可以這樣？」湯普金斯先生氣呼呼地皺眉瞪著鈉原子。鈉原子剛才明明以非常不友善又無理的態度對待他的！

「哎，他們都是那樣的。」M殼層上某位經驗老到的成員說道，「比起那些電子，其實最希望你回去的是鈉原子核。中間的原子核和圍繞四周的電子間，常常出現意見不合的情況。原子核希望自己擁有的電子數量，能剛好符合它的電荷量；但電子卻希望大家的數量只要能填滿殼層就好了。

「只有數種原子的原子核領袖與從屬的電子間，才擁有完全一致的意見，那就是所謂的**稀有氣體**，德國化學家稱之為**惰性氣體**。這類氣體原子核能吸引住的電子數量，剛好等於填滿殼層所需的電子數量。例如氦、氖和氬都對自己的狀態感到非常滿意。它們毋須驅逐不想要的多餘電子，也不需邀請新電子來填補空隙。這種原子只想保持原樣，它們的化學性質是很不活潑的。」

那位知識豐富的電子繼續解說：「不過其他所有原子裡的電子族群，通常都已經準備好面對電子成員改變的情況。例如你的前一個家鈉原子，它原子核電荷能吸引的電子數量，比填滿軌道所需的電子數量還要多一個。相反地，我們原子一般收容的電子數量，卻不足以填滿殼層。所以我們才很歡迎你加入行列，雖然你加入後，我們的原子核將會超出負載。只要你留在這裡，我們這個原子就再也不是不帶電

的中性；現在的氯原子因為多了你，因此變成帶負電。你剛剛離開的鈉原子由於少了一顆電子，現在變成帶正電。這也是鈉原子一直留在我們旁邊的原因，因為帶正電的鈉跟帶負電的氯之間，出現了電引力的力量牽引。我們偉大的庖利神父曾說過，這類多出電子或少了電子的原子社群，稱為帶正電或負電的『離子』。另外，當電引力吸引了兩個以上的原子，使數個原子連結形成的群體則稱為『分子』。他說由鈉原子與氯原子結合形成的分子是『鹽』分子，不知道那是什麼東西。」

「你不知道鹽是什麼嗎？」湯普金斯先生問，他已經忘記自己是在跟電子說話了，「怎麼會不知道，就是我們吃早飯時加在炒蛋上的東西呀！」

「什麼是『吵蛋』？什麼是『早凡』？」電子問他。

湯普金斯先生不知道該怎麼解釋。他發現即使想對電子同伴說明最簡單的人類生活細節，也是徒勞無功的一件事。幸好那位見多識廣的電子對人類生活並沒多大興趣，她只忙著炫耀自己對電子世界的知識而已。

她繼續說：「但是讓原子結合成分子的引力，並非全靠單一個價電子完成。像氧那種原子，則得增加兩個電子才能填滿殼層，不像氯只要一個電子而已。另外也有原子需要三個，甚至更多電子。另一方面，某些原子的原子核包含了兩個以上的額外電子，也就是價電子。當這些原子碰到彼此時，就會出現許多跳躍或連結動作。因此會形成非常複雜的分子，通常是由數千個原子組成。還有一種所謂的『同極』分子，是由兩個相同原子組成的，不過那種情況並不好。」

「為什麼不好？」湯普金斯先生問。

「太辛苦了，」電子回答，「要讓兩個一樣的原子結合在一起，

需要花很多工夫。我之前曾經做過那種工作，根本沒有自己的時間。那可不像這裡，當落單的原子在等待時，價電子還能享受自己的時間。在同極分子裡是不可能的！為了讓兩個一樣的原子連結在一起，你必須前後跳躍，從一個原子跳到另一個原子上，然後再跳回來。前前後後、來來回回，就不斷這樣跳來跳去。那跟當個乒乓球一樣慘。」

湯普金斯先生深感意外，沒想到這電子雖然不知道什麼是炒蛋，卻用十足了解的口吻提到乒乓球；不過湯普金斯先生沒有追根究柢。

「我再也不會接受那種工作了！」那個電子宣稱，「我在這裡很舒服，可以……」她的聲音突然變小，因為她的注意力轉移到另一件事上了。「嘿！你有看到嗎？哈哈，那邊會更好。再見啦！」

湯普金斯先生驚訝地瞪著電子用力一躍，猛然撲向原子的內層。似乎因為外來的高速電子意外侵入原子內部殼層，使得裡頭有個電子被甩出去，於是 K 殼層的某個舒適空間大開門戶。湯普金斯先生默默埋怨自己居然錯過了加入內部圈圈的機會，不過他也興致盎然地看著剛才聊天的電子往內躍進。當那顆開心的電子加速深入原子內部時，出現了閃亮光線伴隨著她勝利的飛行。直到電子終於抵達內部殼層後，那股過於刺眼的光芒才終於止息。

「剛剛的是什麼？」湯普金斯先生問道，他的眼睛都覺得痛了，「剛剛那股閃光，怎麼會有閃光？」

「那是發出了 X 射線，」跟他同軌道的同伴說，「躍遷過程會釋放 X 射線。假如我們某人能成功進入比較裡面的殼層，就必須以輻射形式放出多餘能量。剛剛那位幸運女孩跳躍的距離很大，因此也釋放出大量能量。通常能在原子外圈小小躍遷一下，我們就心滿意足了；這時放出的輻射稱為『可見光』，至少庖利神父是這樣說的。」

「但剛剛的 X 射線也可看見呀，」湯普金斯先生提出反對意見，「我剛剛**看到了**。為什麼那不叫做『可見光』？」

「我們是電子，所以對**各種**輻射都很敏感。但庖利神父說另外有一種很巨大的生物叫『人類』，人類只能看到波長在某一狹窄範圍內的光。神父曾經說過，人類要一直等到某位叫做倫琴的人出現後，他們才知道有 X 射線這種光。我覺得人類聽起來不太聰明。總之人類過了這麼久，好不容易才發現了 X 射線，似乎現在人類也很常利用 X 射線，用在某種叫『醫學』的領域上。」

「啊，沒錯。這我就很清楚了，」湯普金斯先生說，「醫學就是我們要……我是說，就是**人類**要協助那些……」

那顆電子很無禮地打起哈欠。「我沒興趣，真的沒興趣。來吧，我們來跳舞吧。」她拉住湯普金斯先生的手，一起沿著軌道旋轉。

湯普金斯先生很滿足地享受著這種感覺，他與其他電子愉悅穿梭在原子空間裡，像是華麗的空中飛人表演一樣。但突然他感到自己的頭髮豎了起來，以前他在山上遇到雷雨時也曾經有這種感覺。顯然有一股強大的電子干擾力量正在接近這顆原子，破壞了電子的和諧動作，迫使電子嚴重偏移自己正常運行的軌道。後來他發現只是有一股紫外線正好經過原子旁，但對這些小電子來說，紫外線可是很駭人的電子風暴。

「抓緊！」某個電子大喊，「不然光電效應的力量會把你打出去！」可是已經太遲了。湯普金斯先生遭到力量衝擊，猛然從同伴身邊急速飛入空中。似乎有鑷子把他從原子裡俐落夾出一樣。他上氣不接下氣地飛越空中，快速穿越各種不同原子，速度快到他根本無法看清各個電子。突然一個巨大原子從正前方朝他逼近，他知道自己勢必將一頭撞上那顆原子。

「抱歉，可是我受到光電效應影響，所以無法……」湯普金斯先生很有禮貌地說，但一陣震耳欲聾的撞擊聲打斷了後半段的句子，他迎頭撞上一個外層的電子。他們全摔得東倒西歪。撞擊力量大幅抵銷了湯普金斯先生的飛行速度，他現在進入了全新的環境。

等他呼吸平復之後，他開始檢視周遭情況。湯普金斯先生發現身邊圍滿了原子。這些原子比他之前看到的更大，他算了一下，發現每個原子裡都有高達二十九個電子。如果他當年物理有學好的話，他就會知道身邊的原子是銅；但是整體來看，這些緊密聚集的小團體一點都不像銅。湯普金斯先生注意到這些原子間的距離不但比較小，而且也排得很規律，他可以看見這些排列的原子一直向前延伸。

然而最讓湯普金斯先生驚訝的，是這些原子似乎並不特別想拉住身邊的電子，尤其是原子外層的那些電子。事實上，原子外層的軌道幾乎都是空蕩蕩的，有好幾群不受牽引的電子懶洋洋地在周圍漂浮著，它們偶爾會停步一會兒，但從來沒有長時間停留在某個原子的外層。這些電子讓湯普金斯先生想起在街上成群結隊的年輕人，他們晚上都漫無目的地在街頭閒逛，無所事事。

湯普金斯先生在經歷高速飛行後，覺得很累；他首先試圖在某個銅原子的平穩軌道上稍事休息。但他很快也受到周圍電子普遍的流浪動作影響，於是他加入了這些電子漫無目標的移動行列。

他心想：「這裡似乎沒什麼組織。太多電子都沒在認真工作，就這樣一直過著毫無目標的生活。不知道庖利神父曉得這種情況嗎？」

「我當然知道。」某處傳來神父熟悉的聲音；神父突然冒了出來。「沒關係的，這些電子沒有違反任何規矩。其實他們正在做一件非常有用的事。如果所有原子都像某些原子一樣，只顧著保住自己的電子的話，那導電性也不會存在了。也就是說將沒有家電、沒有電

燈、沒有電腦、電視、收音機等等。」

「所以這些**隨意閒逛**的電子其實要負責產生電流嗎?」湯普金斯先生問道:「那要如何辦到?他們似乎沒有往某一個特定方向移動呀。」

「你等一下就會知道了,」神父說,「只要有人按下開關就好。另外,我不懂你怎麼會用『他們』來形容,應該要說『我們』吧。你忘記自己也是導電電子的一員嗎?」

「其實,我已經有點厭倦當電子了,」湯普金斯先生說,「剛開始還滿好玩的;不過新鮮感消失得很快。我覺得自己不適合當個循規蹈矩的電子,也不適合永遠這樣撞來撞去。」

「不會永遠這樣。」庖利神父有點不耐煩地反駁他。顯然他沒想到區區一個電子也會「頂嘴」。「你也很有可能會遭到湮滅。」

「湮滅?」湯普金斯先生很緊張地驚呼,「我以為電子是永恆存在的。」

「物理學家以前也是如此相信,」庖利神父同意他的說法,「但現在物理學家的了解又更進一步了。電子像人類一樣,會誕生,也會死亡。不過電子當然不是因為老化而死,通常是因為出現撞擊而**突然**逝去,毫無預警。」神父看到自己的話讓湯普金斯先生感到驚慌,愉快地微笑了起來。

「我剛剛也有受到撞擊過,而且也很嚴重。」湯普金斯先生說,他覺得信心稍微恢復了一些。「可是我沒有因為撞擊而逝去。你確定剛剛沒有說得太誇張嗎?」

「問題不在於撞擊力道有多**強烈**,」庖利神父糾正,「全都要看你撞上了**什麼**東西。如果我沒弄錯,你剛才應該是撞到跟自己類似的負電荷電子。這種撞擊根本就沒有危險。事實上,就算你們像一對公

羊彼此猛撞好幾年，也不會造成任何傷害。但還有另外一種電子是帶正電的，那才是你要小心的對象。帶正電的電子稱為**正子**，看起來跟你一樣。所以當正子接近時，你會以為那只是另一個同族群的無辜電子，於是你上前迎接他。可是你將發現你們之間並沒有因同帶負電荷而產生互斥力量，免得發生猛烈的撞擊；反而因為他帶的正電吸引了你帶的負電，所以會直接將你拉向他。這時候一切就太遲了。」

「為什麼？那樣會發生什麼事？」湯普金斯先生問。

「你會被吃掉，完全消滅。」

「天呀！一個正子會吃掉幾個可憐的電子？」

「幸好只有一個。因為正子消滅帶負電電子的同時，也會自我毀滅。我想也可說這是正子的死亡心願，他們一直在尋找一個可以完成『自殺合約』的對象。正子不會傷害同類，但只要帶負電的電子出現在質子眼前，電子就很難存活下來了。」

「幸好我還沒有遇上那種怪獸，」湯普金斯先生緊張兮兮地說，「希望他們數量不多。他們的數量多嗎？」

「不多，不多。正子的壽命不長，所以也不會有那麼多個同時存在。正子一直在找撞擊對象，它們誕生後很快就會消失了。如果你再等一下，或許我就可以找個例子給你看。」

庖利神父四處尋找了幾分鐘，終於高喊道：「有了，找到了！」他指向一個遙遠的重原子核。「你看到了嗎？有一個正子要誕生了。」

神父指的那顆原子因為受到外界的強力輻射照射，明顯處於某種強烈的電磁擾動狀態。這比剛剛將湯普金斯先生撞出氯原子的干擾力道更猛烈。遠方那顆原子的電子族群就像遭颶風吹襲的枯葉一樣四處飛散。

「仔細看原子核。」庖利神父說。湯普金斯先生專心注視著原子核，看到了一個很奇特的現象。在原子核旁的內層電子殼層，出現了兩個迅速成形的模糊影子。剎那之間，湯普金斯先生發現有兩個閃亮的全新電子以高速飛離誕生之處。

「可是我看到的是兩個電子。」湯普金斯先生興奮說道。

「沒錯，」庖利神父說，「電子都是成對誕生的。因為電子有帶電，所以必須同時產生兩個電子，一個帶正電，一個帶負電，否則會違反電荷守恆定律。所以，那股強烈伽瑪射線讓原子核生產出一個帶負電的普通電子，以及一個正子。」

「這樣比較好一點，」湯普金斯先生表示，「如果每個正子誕生時都伴隨另一個帶負電的電子，那之後當正子摧毀一個電子時，我們又會重回原來的狀態，至少以電子的總數來說是如此。這樣電子種族就不會滅絕了，而我……」

「如果我是你的話，我會小心那個正子。」神父打斷他的話。

「哪個是正子？」湯普金斯先生問，「他們看起來一樣呀。」

「我也不確定，但有一個正朝我們接近。」

神父猛然把湯普金斯先生推向一旁，那顆新生的粒子隨即從他們身旁呼嘯而過。沒多久那顆粒子就撞上另一個電子，爆出了兩道炫目的閃光，兩個粒子都消失了！

「我想這應該回答你的疑問了。」神父微笑道。

湯普金斯先生對自己僥倖避開正子的殺意，感到鬆了一口氣，不過他安心的時間很短。他還來不及感謝神父的敏捷反應，突然又覺得自己受到某種力量的拉扯。湯普金斯先生與其他所有漫遊的電子受到力量促使，全都開始動作，那股力量將他們全朝著同樣的方向推進。

「嘿！這是怎麼一回事？」他大喊著。

「一定是有人打開電燈開關了。你現在要前往燈泡的燈絲。」神父也回喊道，他快速消失在遠方。「再見！能跟你聊天很開心！」

這段旅程剛開始很愉快，毫不費力；感覺像是機場的電動走道在推送他們一樣。湯普金斯先生與其他懶洋洋的電子都輕緩地沿著原子的格狀結構迂迴前進。湯普金斯先生試著與旁邊的一個電子聊天。

「真輕鬆，不是嗎？」他說道。

那個電子瞪了他一眼。「哼，你一定才剛加入這個電路。等到進入急流你就知道了。」

湯普金斯先生當時還不懂他在說什麼，但他光聽到就覺得不太妙。突然之間，他們穿越的通道變得非常狹窄，塞進通道的電子全壓擠在一起。周遭變得愈來愈熱，愈來愈亮。

「小心點！」電子同伴從一旁撞上他時，低聲對他說。

湯普金斯先生突然醒來，發現坐在他隔壁一起聽講的女士也睡著了。她睡倒到他肩上，害他一頭撞上了牆。

第十一又二分之一章
湯普金斯先生睡著的後半段演講

　　……事實上，在一八〇八年，英國化學家道耳吞提出一項規則：組成複雜化學成分時所需的各種化學元素間，其相對比例皆為整數比。他認為這代表所有化學成分都是由簡單的化學元素粒子所組成。而中世紀的煉金術無法將一種化學元素轉化為另一種元素，也證明了粒子無法分割的假設為真。所以，當時的科學家毫不猶豫地以古希臘文命名粒子為「原子」。但現在我們知道這些「道耳吞原子」並非無法分割，其實原子還是由更小的粒子所組成，不過「原子」的名稱還是沿用至今。

　　在現代物理學中，這些名為「原子」的實體跟德謨克利特想的不一樣，原子不是物質內不可分割的最小組成單位；若把「原子」這名稱套用在更小的電子、夸克等粒子上，反而較為貼切，因為這類粒子更接近「道耳吞原子」的命名概念（順帶一提，組成原子核的最小粒子是夸克，未來我會有更詳細的說明）。不過因為名稱已經延用很久，現在才改變的話很容易帶來誤解，所以我們還是用過去道耳吞的概念來稱呼所謂的「原子」，而電子、夸克這類更小的粒子則稱為「基本粒子」。稱之為「基本粒子」，代表我們相信這些小粒子**的確**像德謨克利特所想的，是不可分割的最基本粒子。或許大家會質疑難道歷史不會重演嗎？等未來科學更加進步，搞不好會證明現代物理學中的基本粒子其實都擁有非常複雜的內部結構之類。不過我的答案

是：雖然無法保證絕對不會發生這種情況，但我們有充分理由相信這次是對的。

原子共有九十二種（也就是九十二種不同的化學元素），每一種原子都有複雜的特性；因此大家也認為，原子可能是由更小粒子組成的複雜結構。

基本粒子如何組成道耳吞原子呢？一九一一年，著名的英國物理學家拉塞福（後來受封為尼爾森拉塞福男爵），首度踏出了解答這問題的第一步。他以阿爾法粒子撞擊原子，藉此研究原子結構（還記得阿爾法粒子是氦原子的原子核吧）。當放射性元素衰變時，放射性元素會釋放出帶正電的阿爾法粒子。拉塞福觀察了射出的粒子在穿過一片物質後，它們從原本路徑偏斜的程度（即散射路徑）。結果，他發現雖然大多數粒子的偏移程度都很小，但卻有部分粒子是以大角度反彈出去，感覺像是正好擊中了原子內某種微小的高密度物質。根據實驗觀察，道耳吞判斷所有原子一定都擁有某種帶正電的高密度中心，也就是**原子核**，他想像在原子核周遭圍繞了某種較稀疏的帶負電雲體。

後來科學家發現原子核是由某些帶正電的**質子**及中性的**中子**組成。質子與中子除了帶電不同之外，其他性質都非常相像，因此總稱為**核子**。有一種近距離的強烈凝聚力牢牢牽引住質子與中子，這種力量稱為**強核力**。雖然質子間會因同帶正電而產生互斥力，但強核力卻大到可抵抗互斥力，將質子束縛在原子核內，所以科學家才稱其為「強核力」。

原子核周遭圍繞的雲體是由帶負電的電子群聚而成，電子受到原子核內帶正電質子的靜電力吸引，所以活動範圍也局限在原子核周圍（大家當然記得同電荷相斥，異電荷相吸吧）。原子不同，在原子核

組成原子雲的電子數量也不一樣；而電子數量則決定了該原子的所有物理性質與化學性質。依照化學元素的自然序列，電子數量從最少的一個（氫）到最多的九十二個（最重的自然元素鈾）都有。

雖然拉塞福當年設想的原子模型非常簡單，但有關原子的詳細概念卻很複雜。例如，到底是什麼阻礙了靜電力的吸引力，讓電子不會高速撞進原子核裡呢？古典物理概念唯一可提出的解釋，是電子抵抗原子核拉力的方式，其實跟太陽系行星抵抗將自己拉進太陽的拉力一樣。行星會沿著軌道，繞著吸引力來源的中心運轉（行星受到的引力是重力）。但可惜古典物理學還有另一項概念，那就是若運轉的物體帶電，它將以發光的形式逐漸釋放出能量。因此，由於電子會漸漸失去能量，所以根據計算，形成原子雲的所有電子都會瞬間撞碎在原子核上。古典物理學的結論似乎很合理，但卻與實驗結果完全相反，因為實驗顯示原子雲反而是非常穩定的。原子內的電子並沒有崩落到原子核上，卻是持續繞著原子核旋轉。因此，古典力學的基本概念，與實驗所得的原子力學行為，出現了根本的衝突。

著名的丹麥物理學家波耳從前述的矛盾情況裡發現，雖然數世紀以來，古典力學都在自然科學中安然保有優越地位，但現在卻應該將古典力學視為有極限存在的理論了。只有在我們平常生活的宏觀世界裡，古典力學才會適用；但將古典力學套用到原子內更細緻的行為時，就會行不通了。

波耳假設了一種新力學的基礎（這個新力學最後演化為我之前講過的量子力學），他主張**雖然古典理論認為運轉軌道理論上可有無限多種，但其實電子繞行原子核時，可繞的軌道只有特定幾個而已**。這些允許繞行的軌道稱為波耳理論的**量子條件**，是根據特定數學條件所挑出的結果。

在此我無法詳細說明這些量子條件，我只想提出一點就好，當討論對象比原子內部成分大上許多時，這些特定的量子條件限制實際上也不再重要。因此，若將這個新力學應用在宏觀物體上，例如繞行的行星等等，你獲得的結果只會與舊的古典理論相同。這是所謂的**「對應原理」**，例如像行星繞行太陽時的可能軌道雖然有限，但因為數量很多，彼此又十分相近，所以限制條件就變得不甚明顯，因此也很容易讓人以為允許的軌道種類是沒有限制的。但在微觀的原子力學系統內，各個允許狀態雖然相近，但其擁有的差異卻變得非常顯著，因此我們無法忽略軌道確實受限的事實，同時也凸顯了古典理論與新理論間的不一致。

我不打算說明細節，不過我要指出從波耳理論衍生而出的結果。這張投影片顯示了由圓形與橢圓形軌道組成的系統；這是在某顆特定原子內，波耳量子條件唯一允許電子進行的運動型態（當然投影片已放大許多倍）。古典力學認為電子可以在離原子核的**任意距離**上運轉，而且偏心率（也就是軌道拉長為橢圓的程度）**不會受到限制**。相較之下，波耳理論挑出的軌道則是離散的組合，每個軌道的尺度都有嚴密定義。圖上每個軌道旁都有數字加字母的標示，那是每條軌道的名稱，這些都是採用分類規則來命名的。例如尺寸最大的軌道名稱就對應最大的數字。

雖然波耳的原子結構理論成功地解釋了原子與分子的各種特性，但卻無法清楚解釋量子軌道呈現離散的基礎概念。愈是深入分析古典理論受到的特殊限制，整體概念也變得愈模糊不清。顯然波耳理論存在一項根本的問題；波耳理論利用一套額外條件來限制古典理論，但這套條件卻不屬於古典理論的整體架構內。因此，我們必須從頭開始，重新思考最基本的物理學。

正確的答案在十三年後出現，那就是所謂的**量子力學**（也稱之為**波動力學**）。量子力學調整了古典力學的整套基礎。雖然乍看之下，量子力學系統似乎比舊的波耳理論更不合理，但這套新的微觀力學其實是現今理論物理學中最符合邏輯也最受到認同的理論。我已在前一場演講內說明過這個新的力學，更詳細說明了「測不準原理」與「擴散的軌道」。因此現在我不再重複這些部分；讓我們來更深入看看這些概念要如何應用在原子結構的問題裡吧。

第二張投影片是根據量子力學的「擴散軌道」概念，所畫出的原子內電子運動的圖形。這張圖片描繪的各種電子運動類型，都可對應到第一張古典理論投影片的運動型態（不過為了讓大家看得更清楚，因此我把每種電子運動都分開繪製）。各位可看到這些圖形跟波耳那種單一線條的軌道不同，這張圖的軌道呈現散射型態，與**測不準原理**的基本概念相符。不過，這張投影片標示的各種不同運動狀態是跟第一張投影片相同的。事實上，如果你比較這兩張圖（並且發揮一下想像力），就可發現這裡的雲狀運動型態，多少也反映了波耳軌道擁有的一般特性。例如數字愈大，軌道圖案也愈大；圓形軌道對應圓形雲體，拉長的軌道則對應橢圓雲體等等。從這些圖形可看出舊的古典力學軌道在量子力學中呈現何種型態。雖然需要一點適應的時間，不過研究原子內部微型宇宙的科學家們都毫無滯礙地接受了這些運動型態。

原子內的電子雲可能擁有的運動狀態太多了，於是我們碰上了一個重要問題，那就是電子是如何分布在這些可能的運動狀態上。這時又出現一項新原則，這是宏觀世界內很少見的一項原則，最早是由庖利提出的。這項原則認為，**在一個原子裡，不會出現兩個處於相同運動狀態的粒子**。如果運動型態像古典力學理論一樣有無限多種的話，

庖利理論的限制就毫無意義了。古典力學中，如果某個電子已經以某種運動狀態在繞行的話，即使第二個電子的運動型態與第一個不同，兩者間的差異也可能非常微小。然而如今原子內的可能運動狀態受到量子法則限制，因此大幅減少，所以在微觀世界裡，庖利理論扮演了非常重要的角色。例如若已有電子占住靠近原子核的運動態，其他電子就只能進駐離原子核較遠的型態了。這也可防止電子全擠在某一位置上。

在說明這些限制後，希望大家不要以為投影片上的各個散射量子態裡，都只有一顆電子存在。其實，電子除了會繞軌道運轉外，也會

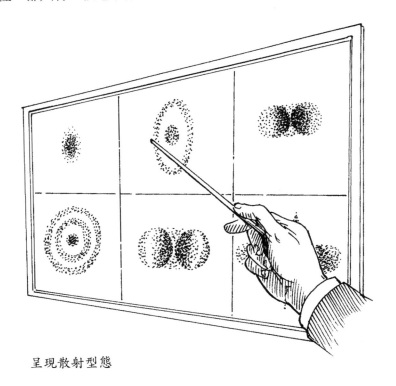

呈現散射型態

自旋，就像地球一邊繞太陽旋轉，一邊又以南、北極為軸心自轉一樣。因此庖利認為會有兩個自旋方向相反的電子沿著同一軌道運轉。科學家針對電子的旋轉進行更詳細的研究後發現，電子自旋的速度是不變的，且自旋軸心與軌道平面永遠皆呈垂直。因此只剩下兩種可能的自旋狀態，我們可用「順時鐘」與「逆時鐘」來區別。

　　因此，若將庖利的理論套用到原子的量子態後，庖利理論可重新解釋為：**每個運動量子態容許的電子數量最多只有兩個，且這兩個電子自旋的方向必須相反**。所以，隨著元素表上的原子序漸增，原子擁有的電子數量也逐漸增多，電子會逐一占據原子內的各個量子態，首先是最接近原子核的量子態，接著是離原子核愈來愈遠的各個量子態。

　　此外還有一點要說明，因為牽引電子的各個力量大小不同，因此我們可根據吸引力的強弱程度，將原子內各量子態的電子歸類進不同型態的小組裡（也就是「殼層」）。隨著元素的原子序愈大，電子也會循序填滿各個殼層。由於電子逐步填滿了每個殼層，因此原子的性質也會漸進改變，這也解釋了元素為何擁有週期性特質，這個著名性質是俄國化學家門德列夫在實驗中發現的結果。

第十二章
原子核內

湯普金斯先生參加的下一場演講主題是原子核的研究。教授開始演講了。

各位女士、先生，晚安：

我們探討的物質結構已經愈來愈深入了，現在該來發揮一下想像力，進入原子核內部觀察，這個神祕的原子核其實只占了原子體積的一千兆分之一。但雖然我們新的探討對象小到令人難以想像，裡面卻充滿了生氣蓬勃的活動。

穿越低密度的原子電子雲，進入核心區域後，這裡密集的群聚狀態會讓人大吃一驚。雖然原子核的體積較小，它的質量卻占有原子總質量的百分之九十九・九七。如果原子核內的粒子有身體的話，它們幾乎可說是彼此摩肩擦踵了。從這角度來看，原子核的內部型態與液體有些類似，不過我們現在討論的粒子是質子與中子，它們比水分子還要小上許多。質子與中子的體積大小只有約〇・〇〇〇〇〇〇〇〇〇〇〇〇〇一公尺而已。

原子核裡能擠進這麼多質子與中子，是因為有強核力作用。強核力的作用力跟液體分子間的作用力非常相近。強核力雖然可阻止粒子完全分離，卻不妨礙粒子間彼此取代的動作。因此原子核內的物質帶有部分液態的特性。當未受外力影響時，原子核的形狀呈現圓滴狀，跟普通的水滴一樣。

　　我現在要讓大家看一張概要圖，這些是質子與中子組成的數種原子核圖形。最簡單的原子核是氫原子核，裡面只有一個質子。而與氫原子相反，最複雜的原子核是鈾原子核，它是由九十二個質子與一百四十二個中子組成的。當然，各位別忘記這些圖片只呈現了大致情況而已，因為量子理論的測不準原理使然，所以每個核子的位置其實都「分散」在整個核心區域裡。

　　剛才我也說過，粒子受到了強大的內聚力吸引，因此聚集形成原子核。然而除了這些吸引力外，還有另一種相反的作用力存在。各位都知道原子核內的粒子有約一半都是質子，而質子全都帶正電。因此

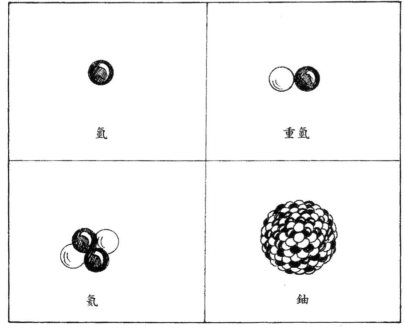

氫　　　　　　　　重氫

氦　　　　　　　　鈾

原子核

質子間會出現互斥的庫侖靜電力。質量較輕的原子帶的電荷也較少，所以產生的互斥庫侖力也比較小。然而對較重、帶電數較多的原子核來說，互斥的庫侖力就會與強核力的吸引力不相上下了。強核力是一種短程力，因此只有相鄰的核子才會受強核力影響；然而庫侖靜電力卻是長程力。所以，位於原子核邊緣的質子雖然只受到緊臨粒子的吸引力吸引，但卻會受到其他**所有**較遠質子的排斥。而且隨著質子愈多，排斥力也變得愈來愈大，但吸引力卻不會逐漸增加以抵銷互斥力（因為每個質子能同時實際「摩肩擦踵」的粒子數量有限）。當原子核超過某一大小後，原子核會變得不穩定，因而釋放出某些組成粒子。由門德列夫建立的元素分類周期表中，位於尾端的那些元素就會釋放粒子，這些元素稱為「放射性元素」。

經過以上說明後，各位可能認為這些不穩定的重原子核會放射出質子（因為中子不帶電，所以不會受到互斥的庫侖力影響）。然而實驗證明，原子核釋放出的粒子通常是阿爾法粒子。原子核的組成粒子之所以會形成這個特定組合，是因為兩個質子加兩個中子的組合特別穩定，它們會牢牢鎖在一起。所以比起打散質子、中子後再釋放，還不如一口氣放射出整組粒子會更容易。

放射性衰變現象最早是由法國物理學家貝克發現的。英國物理學家拉塞福認為這是原子核自發蛻變的結果；稍早在別的主題中也曾提到拉塞福。科學界應該要好好感謝拉塞福在原子核物理學內的各個重大發現。

阿爾法衰變的其中一項特性，是阿爾法粒子有時需經過極長的時間才能「逃離」原子核。以**鈾**與**釷**來說，大概要花上數十億年；而**鐳**則得經過約十六個世紀。有某些元素不到一秒就會發生衰變，不過這種時間還是比核子內的極速運動要漫長太多了。因此，明明原子內的

排斥力大到足以把阿爾法粒子強行推出原子核，然而卻有某種力量拴住了阿爾法粒子，讓它留在原子核內，有時還可停留達數十億年之久，這種力量又是什麼呢？而且，既然阿爾法粒子已在原子核內待了那麼久，最後又是為何會遭踢出呢？

　　為了解決這問題，首先我們得了解吸引的核力與互斥的靜電力間的相對強度。拉塞福曾利用「原子撞擊法」，對這些力量進行了精細的實驗研究。拉塞福在卡文迪西實驗室進行了這項著名實驗，他讓放射性物質釋放出快速移動的阿爾法粒子束，觀察這些射出粒子與受撞物質的原子核碰撞後，會出現何種偏移情況（也就是散射）。實驗證明，雖然粒子在離原子核很遠時，會因受原子核的長程互斥靜電力影響而被推出原子核外，但當粒子非常靠近原子核外圍邊界時，排斥力就會變為強大的吸引力。因此也可說原子核有點像高聳城壁周圍圍繞的堡壘，讓粒子出不去也進不來。

　　然而拉塞福實驗最驚人的成果，是發現了原子核在放射性衰變時放出的阿爾法粒子的能量，與從外射入原子核的粒子所擁有的能量，其實都比粒子位於堡壘頂端（我們一般稱為**位壘**）時該有的能量**更低**。這個實驗結果與古典力學的所有基本概念完全相反。沒錯，如果你丟球的力量小於讓球滾上山坡所需的力量，那球怎麼可能會滾上去呢？從古典物理學的角度來看，只能推測拉塞福的實驗出錯了。

　　但他的實驗沒有錯。加莫夫、葛尼與康頓兩組人同時證明了這項結果。他們指出若將量子理論納入考量的話，勢必可獲得這種結果。之前也說過，量子物理不像古典理論將軌道清楚定義成線狀，而是認為軌道軌跡像鬼魂般擴散不清。正如同舊式幽靈可以輕易穿越老舊城堡的厚磚牆一樣，這些幽靈般的軌道也可以穿越位壘，雖然從古典理論來看是不可能辦到的。

　　請千萬不要以為我在開玩笑。其實用新量子力學的基本方程式，即可直接計算出低能量粒子是能夠穿越位壘的。新理論與舊理論對運動的認知存在許多差異，這就是其中一個最重要的差異。只是雖然新力學允許出現這種特殊結果，但限制條件卻很嚴格：基本上粒子能穿越障礙的機率非常微小，而且困在原子核內的粒子必須一次又一次地不斷撞擊高牆，最後才有可能成功。量子理論提供了精確的計算方法，讓我們可算出粒子脫逃的機率為何；結果顯示科學家觀察到的阿爾法衰變周期完全符合理論的預測值。而且當從外面朝原子核射進粒子時，量子力學的計算結果也相當接近實驗結果。

　　在繼續說明前，我想先給各位看一些圖片，讓大家知道若以高能量的原子射出粒子撞擊不同原子核後，原子核會出現何種蛻變過程。第一張是舊的雲室照片。首先我得說明，因為次原子粒子非常微小，所以人類無法直接用肉眼看到這些粒子，希望各位不要期待看到實際粒子的照片。我們必須巧妙地拐個彎。

　　請想想高空中的飛機所留下的飛機雲。或許飛機高到我們無法看見，或許飛機已經不在飛機雲那裡了，但從飛機留下的水氣痕跡，我們可以知道飛機曾經出現在那裡。威爾遜發現利用這種概念，就可讓次原子原子核變得「可見」。因此他建立了一個含有空氣與水蒸氣的小房間，用活塞使空氣突然膨脹，於是溫度立即下降，使水蒸氣進入過飽和狀態，達到了形成雲的條件。然而雲無法單靠過飽和的水蒸氣就開始形成，雲還需要有某些可以凝聚的中心點（不然為什麼水滴只會在某些位置形成呢？）。通常當雲成形時，水氣會將大氣裡的灰塵粒子當作核心，然後從核心開始凝結。不過威爾遜雲室最高明的一點，卻是讓雲室裡沒有一粒灰塵存在。那水滴是在哪裡形成的呢？當一個帶電粒子穿越媒介時，它會將途中碰到的原子變成離子（也就是

將原子內的電子推出去）。這些離子化的原子就成為水氣凝結的最佳核心點。因此當帶電粒子穿越雲室時，後方會留下一排離子化的原子，形成一條水滴，這些水滴瞬間就會凝結到肉眼可見的大小，我們即可拍照記錄。那就是這張投影片上的情況。當強力的阿爾法射線源（圖中未顯示）放射出阿爾法粒子後，就形成了圖片左邊數條水滴凝聚出的路徑。大多數粒子穿越我們眼前時，都未發生嚴重撞擊；但只有一個粒子例外，也就是在圖片正中間的部分，我們可看到這個粒子成功撞上了一個氮原子核。這個阿爾法粒子的軌跡在撞擊點中止，同時則浮現了另外兩條軌跡。往圖片上方延伸的細長軌跡是來自從氮原子核內撞出的質子；下方粗短的線條則是原子核反彈的軌跡。但其實它已不是氮原子核了，因為這個原子核已失去一個質子，又吸收了剛剛的入射粒子，所以現在它變成氧原子核。這張圖顯示了氮轉變為氧的「煉金術」反應，外加產生了氫這個副產品。我之所以拿這張照片給大家看，是因為這是第一張拍攝到元素經歷人為遷變的照片。這是由拉塞福的學生布萊克特所進行的實驗。

　　實驗物理學現在也研究了其他許多核轉化過程，前述的元素轉化過程是其中很典型的一種。在這類的轉化過程裡，入射粒子（質子、中子或阿爾法粒子）會穿透進原子核內部，並撞出其他粒子，入射粒子本身則可能停留在其他粒子的位置上。發生這種轉化反應時，都會形成新的元素。

　　就在第二次世界大戰前，兩位德國化學家哈恩和史特拉斯曼發現了一種不同的核轉化過程：重核子會分裂成兩個幾乎相同的原子核，過程中則釋放出巨大的能量。在第二張投影片裡，大家可看到鈾細絲上有兩小塊鈾朝相反方向飛出。這個現象稱為**「核分裂」**，最早是以中子束射擊鈾時發現的。不過科學家很快又發現，其他位於週期表

形成一條水滴

後方的元素也有相似的特性。似乎重原子的穩定度都處於臨界點。就算只是出現最微小的刺激，例如用一顆中子撞擊，這就足以讓重原子一分為二，有如一顆搖搖晃晃的過大水滴一樣。因為重原子如此不穩定，多少也說明了為何自然界只有九十二種元素。若有某個原子核比鈾還重的話，它一定無法持續存在一段期間，而是會瞬間碎成更小的原子，而且這種反應不需任何外力刺激就會自動發生。

　　若從實用性角度來看核分裂現象，也很值得玩味；核分裂可用來做核力發電。原子核分裂的時候，會釋放出輻射型態的能量和快速移動的粒子。釋放出的粒子裡也有中子，這些中子會繼續動作，讓周遭其他原子核也發生核分裂。於是將會釋放出更多中子，這些中子又引發更多核分裂現象，也就是**「連鎖反應」**。如果鈾的分量足夠，達到所謂**臨界質量**的話，釋放出的中子就有極高機率可撞上其他原子核，

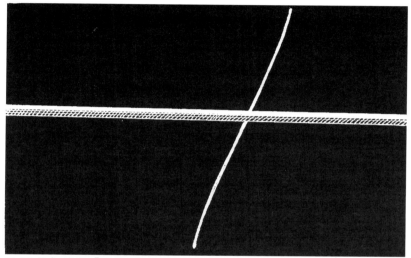

這個現象稱為「核分裂」

導致發生更多核分裂反應，讓這段反應變成自我永續不斷的過程。連鎖反應也可引發爆炸反應，讓儲存在原子核內部的能量瞬間爆發出來；製造第一顆原子彈時正是利用這個原理。

　　連鎖反應並非只能造成爆炸。如果悉心控制核分裂反應，限制核分裂的過程，核分裂反應就能以穩定的永續狀態釋放能量；例如核能電廠正是如此。

　　如鈾等重元素的核分裂反應，並非唯一一種利用原子核能量的方式。還有一種完全相反的做法也可達到一樣的效果。這種方法是將氫等最輕的元素融合在一起，形成較重的元素；這過程稱之為「**核融合**」。兩個輕原子核彼此接近時，會像碟子裡的兩顆水滴般融合在一起。不過這種反應只有在溫度極高的狀態下才能發生，因為當輕原子彼此靠近時，會受到相斥的靜電力影響而保持距離。但當溫度達到數

千萬度時，相斥的靜電力也無力阻止兩個原子靠近了，這時就展開了
核融合反應。最適合進行核融合反應的原子核是氘核子，也就是重氫
的原子核；氘核子可以從海水內提煉。

　或許大家會想，為什麼核融合與核分裂都會釋放出能量呢？我們

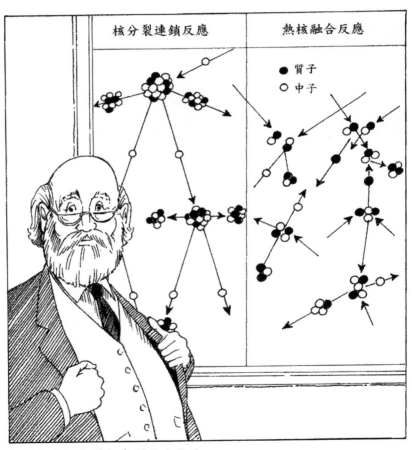

核融合與核分裂都會釋放出能量

必須了解一項重點，那就是中子與質子的結合比其他類型的結合更為緊密。當從較鬆散的組合，進入核子連結更為緊密的狀態時，即可釋放出多餘的能量。鈾原子核雖然較大，但其組織卻比較鬆散，所以可分裂成較小的粒子組合，轉化為更緊密的組織。在周期表另一端的元素，則擁有核子緊密組織的較重原子核。之前我們也提過，例如氦的原子核是由兩個質子與兩個中子組成，這些粒子間的連結就非常牢固。因此如果迫使個別的核子或氘核子互相撞擊，結合形成氦的話，就可釋放出能量。

這也是製作氫彈的原理；當氫經由核融合反應轉化為氦時，會釋放出很龐大的能量，因此氫彈的威力遠遠超過第一代的核分裂核子武器。可惜後來證明想將氫彈的威力降低到能應用在和平用途上的話，是極為困難的一件事。若要讓核融合反應的發電廠也加入一般生產能源的行列，我們顯然還有很長的一段路要走。

不過太陽在這方面就毫無問題了。太陽的主要能量來源，正是氫不斷融合為氦的過程，而且太陽在過去五十億年裡，都持續以穩定狀態進行核融合反應；未來還可以再繼續五十億年。

而那些質量比太陽更大的恆星裡，內部溫度也更高，因此會發生更多種核融合反應。這些核融合反應讓氦融合為碳，碳融合為氧，以此類推，最後可以融合為鐵。鐵之後的元素再進行融合的話，就不會產生能量了。這時則像剛剛提到的，如鈾等等較重的原子核必須經歷相反的過程，轉化為更緊密的核子組合，才能釋放出能量，那就是要靠核分裂反應了。

第十三章
木匠

　　那晚聽完演講回家後，湯普金斯先生發現慕德已經在床上睡熟了。他泡了一杯熱可可來喝，隨即上床坐在慕德身旁。湯普金斯在床上坐了一會兒，腦中複習了一下今晚的演講；他一再回想核子彈的部分，因為他一直很擔心核爆會毀滅一切。

　　湯普金斯先生心想：「不行。我得小心點，不然又要做噩夢了。」

　　他蓋好自己的被子，關上電燈，舒服地窩在慕德身旁。幸好他的夢境不是噩夢…

　　湯普金斯先生發現自己進入了一家工作室。工作室的一側放了張木頭做的長板凳，上面堆滿了簡單的木工工具。他看到牆上的舊式架子上，放了各式各樣奇形怪狀的木雕。有一位看來很親切的老木匠正在桌邊工作。湯普金斯先生更仔細地端詳那位老先生後，驚訝地發現他不但長得很像迪士尼卡通「小木偶」裡的木匠蓋比特，而且也很像之前在教授實驗室牆上看見的拉塞福肖像。

　　湯普金斯先生鼓起勇氣問道：「不好意思，我覺得你長得好像拉塞福，就是那位核子物理學家。請問你跟他有親戚關係嗎？」

　　「為什麼要問這個呢？」老木匠回答道；他把正在雕刻的木頭放到一旁。「你該不會對核子物理學有興趣吧？」

「其實正是如此。」湯普金斯先生說。隨後他補充解釋：「不過我得承認自己不是專家……」

「那麼你來對地方了。我製作所有種類的核子；我可以帶你參觀這個小工作室。」

「你剛剛是說你在**製作**核子嗎？」湯普金斯先生驚訝地問。

「沒錯。不過那當然需要具有某種程度的技術，特別是製作放射性原子核的時候。常常我還來不及幫放射性核子上色，它們就先四分五裂了。」

「上色？」

「對，我把帶正電的粒子塗成紅色，帶負電的粒子則塗成青色（藍綠色）。紅色與青色是互補色，混合之後就會彼此抵銷，變成無色。」

「我想不是吧，」湯普金斯先生婉轉地提出反對，「一定不是**無色**。如果把紅色與青色的顏料混在一起的話，就會變成……呃，某種像泥巴的顏色。」

木匠微笑說：「你說的很對，如果將顏料混合在一起，那結果當然不是無色。可是如果把紅光與青色的光混在一起，你就會看到白色的光。」

湯普金斯先生還是一臉懷疑。

於是老木匠繼續說：「如果你不相信的話，只要把球塗成一半紅色、一半青色，像我手邊這顆一樣，然後讓它快速自旋。你看，看起來是白色的，也就是無色。總之，就像我剛剛說的，我把原子核內帶正電的質子塗成紅色，然後把原子核外帶負電的電子塗成青色；這樣正好符合正電荷與負電荷會互相抵銷的結果。如果原子內部有相同數量的正電荷與負電荷來回快速移動，那麼這個呈電中性的原子在你眼

還來不及上色就四分五裂了

裡看來就是白色的。如果正電荷或負電荷比較多，整個原子看來就會呈紅色或青色。很簡單，對吧？」

湯普金斯先生點點頭。

木匠指向桌邊的兩個大木箱，繼續說：「我把製作各種核子的材料都放在那兩個箱子裡。第一個箱子放的是**質子**，就是這邊的紅球。質子很穩定，永遠不會掉色，除非你用刀之類的東西把顏料刮掉。不過另一箱裡的**中子**就比較麻煩了。中子通常是白色的，也就是呈電中性。但中子非常容易變成紅色的質子。雖然把箱子關緊就不會有問題，但只要一拿出中子……哎，讓你自己看看吧。」

木匠打開箱子，拿出一顆白球放在桌上。白球好一陣子都毫無動靜。正當湯普金斯先生要失去耐性的時候，突然白球像活過來了一樣。白球表面浮現了不規則的紅色與藍綠色紋路，短暫時間裡，這顆球看來有如小朋友愛玩的彩色彈珠一樣。接著藍綠色全集中到球的一側，然後完全從球上分離，形成一顆漂亮的藍綠色小球掉到地下。同一時間，原來的球上冒出了一顆小小的白球，它快速飛過房間，穿越牆壁後消失在另一側。這時候原來的球變成全紅，跟第一個箱子內的質子看來一模一樣。

「你看到了嗎？」老木匠興奮地問，「中子的白色分成紅色與青色，隨後分裂成三個部分：這是電子，」老木匠一邊說，一邊撿起

地上的球，「你看，這跟其他的普通電子一樣。而那邊桌上的是質子（這也跟普通質子一樣），還有一顆微中子。」

「一顆什麼？」湯普金斯先生滿臉疑惑地問道，「抱歉，你最後說到的那個粒子叫做什麼？」

「微中子。」木匠又重複了一次。他補充說明：「它飛到那裡去了。」他指向對面的牆壁，說：「你沒注意到嗎？」

「有、有，我有看到，」湯普金斯先生趕忙回答，「可是它跑去哪裡了？怎麼現在都看不到了？」

「微中子就是這樣，很容易溜走。它們可穿越任何東西，不管是關上的門或牆壁都一樣。如果我從地球這端發射一顆微中子，它可以穿越整個地球，跑到地球另一側去。」

「天呀！」湯普金斯先生驚嘆道，「真奇妙，這肯定比我看過的所有魔術把戲都厲害。不過，你可以再把球的顏色變回原狀嗎？」

「可以，我可以把青色再揉進紅球表面（只要把電子壓進去），讓球變回白色，不過那當然需要消耗一些能量。另一種方法則是把紅色顏料刮掉，這也需要耗費能量。從質子表面刮下的紅漆會形成一個紅色的正子，也就是帶正電的電子。你知道正子嗎？」

「知道，我之前當電子的時候……」湯普金斯先生才剛開口就馬上改口，「我是說，我以前聽說帶正電的電子與帶負電的電子只要一相遇，就會玉石俱焚。」湯普金斯先生說：「你可以表演給我看嗎？」

「沒問題，」老木匠回答，「不過我就不多費勁把這顆質子上的顏料磨掉了；我早上工作時還留下了幾個正子。」

老木匠拉開抽屜，拿出了一顆鮮紅色的小球，他用大拇指與食指牢牢捏緊小球，把紅球放到桌上的青色球旁。突然出現像放鞭炮一樣

震耳欲聾的「碰」聲，兩顆球同時消失了。

　　「你看到了嗎？」木匠吹了一下微遭燙傷的手指，「所以我們不能用電子來製造原子核。我曾經試過，不過馬上就放棄了。現在我只用質子與中子。」

　　「可是中子也不穩定，不是嗎？」湯普金斯先生想起之前的景象。

　　「只有中子自己的話，的確不穩定。不過當中子被緊緊包在原子核裡，旁邊圍繞著其他粒子的時候，中子就會變得很穩定。除非……」老木匠匆匆補充道，「除非原子核裡有太多中子，超過質子的數量。這時中子會轉變成質子，而多餘的顏料將以帶負電的電子型態釋放出去。同樣道理，如果有太多質子的話，質子會轉變成中子，把用不到的紅色顏料以正子的型態釋放出去。這些調整過程稱為『貝他衰變』。科學家向來稱放射性衰變時釋出的電子為『貝他』。」

　　「你製作核子時要用漿糊之類的嗎？」湯普金斯先生好奇地問。

　　「完全不需要，」老木匠回答，「因為只要讓這些粒子彼此接觸，它們馬上就會黏在一起。你想試的話也可以試試看。」湯普金斯先生接受他的建議，兩手分別拿起一個質子與一個中子，小心翼翼地把兩個球靠在一起；這時他立刻感受到一股強大拉力，他注意到眼前的兩顆球出現了很奇怪的現象。這兩個球在交換顏色，輪流變成紅、白兩色。似乎紅色顏料從他右手裡的球「跳」到左手的球上，然後又「跳」回來。因為顏色轉換的速度實在太快了，這兩顆球現在看來有如用一條粉紅色帶子連在一起，顏料則沿著帶子來回擺盪。

　　「我那些理論物理學家的朋友稱這是『**交換現象**』。」老木匠說道；湯普金斯先生的驚訝神情逗得他呵呵笑了起來。「兩顆球都想變成紅色，你也可以說它們都想帶電，但因為它們不能同時帶電，所以

只好來回拉扯。由於兩顆球都不願放棄,它們只好緊緊貼在一起,要用力才能把它們分開。現在,我可以示範製作想要的原子核有多容易了。你想要什麼?」

「黃金。」湯普金斯先生說,他想到中世紀煉金術士的熊熊野心。

「金嗎?讓我看看。」木匠喃喃說道,轉頭看向牆上掛的大圖表。「金原子核重一百九十七質量單位,帶有七十九個正電荷。所以我要拿七十九個質子,再加入一百一十八個中子,這樣質量才對。」

木匠點算了正確數量的粒子後,把粒子放進一個圓筒狀的長容器內,然後用一個沉重的木製活塞蓋住。接著老木匠使盡所有力氣,用力壓下活塞。

他對湯普金斯先生解釋說:「我這樣做是因為帶正電的質子間會出現強烈的相斥靜電力。當活塞的壓力抵過相斥力後,質子和中子就會受到交換現象的力量吸引,緊密結合在一起,這時就可形成你想要的原子核了。」

木匠用力把活塞推到極限後,又把活塞拔起來,迅速地將圓筒容器倒過來。這時滾出了一個閃亮的粉紅色球體。湯普金斯先生靠過去端詳那顆球,發現因為那些快速運動的粒子彼此在交換紅色與白色,所以看起來才會呈粉紅色。

「真漂亮!」湯普金斯先生高聲說,「這就是金的原子囉?」

「還不是原子,這只是原子核而已,」老木匠糾正他,「要完成一個原子的話,我們還需要加入正確數量的電子,中和掉原子核的正電荷,讓原子核外圍形成該有的電子殼層。不過那就容易了,只有原子核旁邊出現電子,它就會自動接收電子。」

「真奇怪,我岳父從沒提過製作黃金有這麼簡單。」湯普金斯先

生回想著。

「你的岳父嗎？還有其他那些核子物理學家！」老木匠嘟囔著，他似乎想到了什麼。「當然，他們也可將某種元素轉變為另一種元素，只是程度有限。因為他們能轉換出的數量太少，所以幾乎是看不見的。我來示範一下他們的做法。」

老木匠說完後，拿起一個質子用力丟向桌上的金原子核。當質子接近原子核外側時，質子的速度稍微變慢了一些，似乎遲疑了一下才鑽入原子核裡。原子核吸進質子後，有短暫時間都在不斷顫抖，像是發高燒一樣；隨後原子核「啪」地一聲掉落了一小塊。

「你看，這就是我們稱這是阿爾法粒子的原因，」老木匠一邊說，一邊拿起碎片，「你靠近點觀察的話，可以看到它是由兩個質子與兩個中子組成的。通常是放射性元素的重原子核會釋放出這類粒子。但如果你用力撞擊原子核的話，也一樣可撞出這種粒子。現在桌上那個較大的球已經不再是金原子核了；雖然它獲得了一個正電，卻因釋放出阿爾法粒子而失去兩個正電荷，所以加總之後，那顆原子核等於失去了一個正電荷。現在它變成鉑原子核了，在周期表裡是金的前一個元素。不過在某些情況下，質子進入原子核後不會使原子核一分為二，這時原子核將形成金的下一個元素『汞』。只要好好安排、組織這類過程，就可實際將某種元素轉化為另一種元素了。」

「那為什麼物理學家不把像鉛之類的常見元素，變成更有價值的元素呢？例如金之類的？」湯普金斯先生問。

「因為朝原子核發射粒子的效率不是很好。首先，科學家無法像我一樣可對準圓筒發射粒子；你可能要發射好幾千發才會有一發命中核子。第二，即使正中核子，粒子也很可能只會從原子核上反彈回來，而沒有穿進原子核內部。你應該有注意到我朝金原子核丟質子

時，質子在穿透前的速度稍稍變慢了吧？我本來還以為質子可能會反彈出去，因為通常都會這樣。」

「是什麼原因讓發射的粒子無法進入呢？」湯普金斯先生問。

「應該不需要我告訴你**原因**吧，」老木匠語帶責備地說，「想想看！原子核與撞擊質子都帶正電，所以電荷間的相斥力量形成了障礙。質子很難克服這種障礙。如果撞擊的質子想成功穿越原子核堡壘，它只能靠特洛伊木馬的策略，也就是**進入**原子的高牆，而不是越過高牆。用波的特性就可辦到這一點，粒子就不行了。」

湯普金斯先生正想承認完全聽不懂老木匠在說什麼的時候，忽然慢慢察覺自己似乎**了解**他的話！

「我以前看過一場很妙的撞球賽，」他說，「那裡的撞球很有趣。先把球放到木製三角框裡後，突然撞球就從木框裡跑出來，感覺像是『滲出』了木框一樣。看到那種現象後，害我很擔心老虎會從籠子裡滲出來。你覺得我說的跟你剛才說的一樣嗎？只是現在這裡滲出的不是撞球或老虎，而是質子。」

「聽起來似乎是一樣的。但老實說，理論向來不是我的重點。我是著重實際的人。不過，因為這些原子核粒子是用量子材料做的，因此當然能穿過一般我們認為無法穿透的障礙物了。」

他以嚴厲的眼神看著湯普金斯先生，問道：「那些撞球不會是用真的量子**象牙**做的吧？」

「正是，」湯普金斯先生回答，「我知道那些撞球是用量子大象的象牙做的。」

「哎，人生真無奈，」老木匠難過地說，「他們用那麼珍貴的材料來玩樂，我卻只能用量子橡木來雕刻質子與中子，明明它們是形成全宇宙的基本粒子啊！不過……」老木匠試圖隱藏自己的不悅，繼續

說道：「我可憐的木製玩具或許也跟那些昂貴的象牙製品不相上下。來吧，讓你看看這些粒子能多乾淨俐落地穿越障礙。」

老木匠爬上凳子，從頂端的架上拿下了一個雕刻，湯普金斯先生乍看之下覺得很像一座火山。

老木匠小心翼翼地吹掉雕刻上的灰塵，說：「這一個模型，是原子核周圍排斥力會形成的典型障礙模型。外面的斜坡是電荷間的互斥靜電力，火山口則代表讓原子核粒子結合在一起的內聚力。現在，若我把一顆球擲上斜坡，但力量沒有強到可讓球滾上山頂的話，當然我們會認為球將再滾回來。但看看實際情況……」

他輕輕推了球一下；球滾上斜坡的一半後，就往下滾回桌上了。

「然後呢？」湯普金斯先生毫不驚訝。

「等等，」木匠平靜地說，「總不可能第一次就成功。」

木匠再度把球擲上斜坡，但是又失敗了。好運一直到第三次嘗試才出現：球滾上斜坡的半路時突然消失無蹤。

「哈哈！」木匠得意洋洋地地高喊，像個魔術師一樣，「變出來了吧！最有名的消失魔術。你覺得怎麼樣？球跑去哪裡了？」

「在火山口裡嗎？」湯普金斯先生不太確定地問。

「我也這樣覺得，」老木匠也同意，「讓我們看看……」他看了一下火山口內部，說：「沒錯，球就在這裡。」他用手指撿出球。

「現在我們來看看相反情況吧，」老木匠提議道，「看看球能不能不滾下山坡，就直接從火山口跑到外面。」

老先生很仔細地把球放到洞裡，然後他們兩人開始等待。好一陣子都沒出現異狀。湯普金斯先生可以聽到球在火山口裡來回滾動的隆隆聲。突然之間，球奇蹟般地出現在火山口外的半山腰上，靜靜滾回了桌面。

木匠再度把球擲上斜坡

「你剛剛看到的例子，正好可說明阿爾法衰變時的情況。」老木匠說。他把模型放回架上，繼續解釋：「有時這些帶電的障礙太『容易穿透』，粒子瞬間就可逃出了。但有時候障礙『太難穿透』，粒子得花上數十億年時間才能穿過去，例如鈾原子就是如此。」

「可是，為什麼不是**所有**原子核都有放射性呢？」湯普金斯先生問。

「因為大多數原子核的火山口高度，都比外面的平面更低，因此只有在最重的已知原子核裡，火山口隆起的程度才足以讓粒子逃

脫。」

　　木匠看了看牆上的鐘。「天呀，時間到了，我得關門了。你不介意……」

　　「真抱歉，我不是故意占用你那麼多時間的。」湯普金斯先生向老木匠道歉。「不過實在太有趣了。請問我可以再問最後一個問題嗎？」

　　「請說。」

　　「你剛剛說若想將常見元素變成珍貴元素的話，對原子核發射粒子是很沒效率的做法……」

　　木匠露出微笑。「你還是想用核子物理賺大錢嗎？」

　　湯普金斯先生不安地動了一下，繼續說：「可是**你**用自製的傑出裝置似乎可以輕鬆辦到。」他指向圓筒與活塞組成的巧妙機器。「所以，我在想……」

　　木匠微笑說：「雖然很傑出，不過不是真的。問題就在這裡。不行，你只能接受事實，從生意角度來說，想把賤金屬轉變為金子只是春秋大夢而已。恐怕你該醒醒了。」

　　「真可惜。」湯普金斯先生很沮喪地想著。

　　「我說，你該醒醒了！」

　　這次說話的不是木匠，而是慕德。

第十四章
無的洞

各位女士、先生，晚安：

今晚我們要討論一項特別有意思的主題：反物質。

反粒子的第一個例子是正子，我在前面的演講裡已說過了。值得一提的是當初科學家是從純粹理論的基礎上，推測出有這種新粒子存在；經過數年之後，科學家才實際觀測到正子。其實，科學家事先預測出的正子主要特性，大大協助了他們從實驗中發現正子。

預測的功勞要歸功於英國物理學家狄拉克。他將愛因斯坦的相對論與量子理論的條件結合在一起，導出了電子能量 E 的方程式。這個方程式計算到後來會獲得 E^2，所以最後一步是開平方根，算出對應 E 本身的方程式。跟大家平常開平方根一樣，這個方程式也會獲得兩種可能答案，一個是正數，一個是負數（例如四的平方根是正二與負二）。計算物理問題時，通常我們會忽略負數的答案，因為那是「不符合實際情況」的；換句話說，大家認為負數答案只是數學算式中無足輕重的怪答案而已。然而在狄拉克的方程式裡，負數的答案代表了存在帶有負能量的電子。別忘了根據相對性理論，物質本身就是一種能量型態，因此擁有負能量的電子等於擁有**負質量**。這真的太詭異了！如果你拉這種粒子，它會朝你遠離；如果你想把它推開，它反而會靠近你。跟一般質量為正的「合理」粒子正好相反。因此，或許你也覺得把方程式的負數答案視為「不符合實際情況」是應該的，就忽略它吧！

　　狄拉克聰明的地方，卻是**沒有**忽略負數解答。狄拉克認為電子除了有無限多種相異的正能量量子態外，負數答案代表電子也有無限多的負能量態。問題是當電子處於某種負能量態時，電子應該會立刻出現負質量的行為特徵，可是我們卻從來沒有發現過這種現象。那麼這些假想的負質量怪電子**到底**在哪裡呢？

　　首先大家會想到的解釋，可能是覺得電子會避開那些量子態；因為某些特殊原因，所以那些量子態一直都是空的。但這樣是不合理的。我們已經知道當原子內有各種量子能量態讓電子選擇時，電子自然會放射出多餘能量，落入最低的可用能態裡（也就是尚未由其他電子占據的最低能態，符合庖利的不相容原理）。因此，我們認為**所有**電子最後都會從較高的正能態，落入較低的負能態裡；**所有**電子的行為都會變得不正常！

　　狄拉克提出的解答是最不尋常的可能答案。他主張我們所知的電子不會落入負能態的理由，是因為負能態已經客滿，有無數個負質量電子填滿了無數個負能態！如果真是如此，那為什麼我們沒看到呢？其實正是因為負質量電子的數量太多，所以形成了完美的連續體。這些電子位於一個完全均勻、規律分布的「真空」狀態裡。

　　我們無法察覺到完美的連續體；你無法指著某處說：「連續體在那裡。」因為它是無所不在的，並沒有某個區域的連續體比其他地方更「多」。當你在連續體中行進時，連續體不會在你前方累積，讓你前方的密度變高，後方則形成一個「空洞」，跟車子在空氣中行進或魚在水裡游泳的情況都不一樣。所以在連續體裡運動也不會碰上阻力……

　　聽到這裡，湯普金先生開始覺得暈頭轉向了。空無一物的真空裡

卻滿是某種物質！這種物質不但圍繞在我們周遭，也充斥在我們體內，可是我們卻沒有注意到！

　　他開始幻想起當隻魚、一輩子都待在水裡會是什麼樣子。他感覺到海上吹拂的溫暖微風，這種天氣最適合在浪花輕拍的海裡游泳了。於是他也加入海中魚兒的行列。雖然湯普金斯先生的泳技不錯，但這時他卻發現自己一直在往海底沉。奇怪的是，他不但不覺得缺氧，反而還覺得挺舒適的。他覺得可能是因為某種隱性突變的影響。湯普金斯先生想起古生物學家說生命的根源來自海洋，魚群中第一隻游上乾地的開路先鋒跟**肺魚**很像。這隻開路先鋒爬上海岸，用鰭行走。生物學家說第一批肺魚慢慢進化成陸域動物，例如老鼠、貓和人類等等。但其中像鯨魚、海豚等動物在了解居住陸地的不便後，選擇重回海洋。雖然牠們回到海裡，但卻依然保有在陸地生存時的特性，所以還是哺乳類動物；雌性動物依然是在體內孕育生命，而不是直接將卵產下後再由雄性來撫育。

　　當湯普金斯先生懶洋洋地到處漂流，胡思亂想的時候，遇上了一對奇怪的組合；其中一位男性長得非常像狄拉克（教授放投影片時曾稍微放映他的照片，所以湯普金斯先生才能認出他來），另一位則是一隻海豚。這對組合正在熱烈交談著。湯普金斯先生不覺得有多訝異，因為他記得海豚是很聰明的動物。

　　「你看，保羅，」海豚說，「你堅稱我們現在不是處於『無』的狀態，而是在一個由負質量粒子形成的介質裡。但就我所知，水跟無的空間是一樣的，水是完全均勻的，我可以在其中任意地自由穿梭。我們海豚有一個傳說是祖先的祖先的祖先的祖先的祖先傳下來的，他們說陸地跟海洋不同。陸地上面有山脈、峽谷，所以你不能輕鬆地隨意前進。但在水裡，我們卻可隨意往想去的方向移動。」

我的「水」沒有摩擦力，是完全均勻的

「你說的沒錯，我的朋友，」狄拉克回答，「水跟你的身體表面產生摩擦力，協助你『抓住』水，因此當你擺動鰭與尾巴在水裡移動時，會形成壓力差，讓你可以游泳，可以四處移動。但如果水沒有摩擦力，如果水呈現完全均勻的狀態，因此不存在壓力梯度的話，你就會像火箭燃料用盡的太空人一樣，想去哪邊都沒有辦法了。

「**我的**『水』是由負質量的電子組成，跟這裡的水完全不同。我的『水』完全沒有摩擦力，均勻分布在各個角落，所以無法觀察到。這兩者間還有一項差異，那就是我的『水』裡連一顆電子都無法加進去，這是因為庖利互斥原理使然（同一量子態裡，最多只允許兩個自旋方向相反的電子存在）。我的『水』裡，所有可用的量子層級

都已經客滿了。所以額外的電子都必須留在海平面**以上**。也就是說，那些額外的電子擁有的質量是正常的正數，而且行為也跟正常電子一樣。」

海豚堅持道：「但是，如果你的海洋是連續體、沒有摩擦力，所以觀察不到的話，那討論它又有什麼意義呢？」

狄拉克回答：「這個嘛，想像有某個外力從海裡將負質量電子拉出海平面上。這時我們可觀察到的電子數量將會增加一個。但不只如此，因為電子從海裡離開後造成了一個空洞，所以我們也可觀察到這空洞了。」

「那就像是這裡的泡泡吧，」海豚說：「像那邊那個。」海豚指向緩慢從深處浮向海面的一個泡泡。

「沒錯，」狄拉克也同意，「在我的世界裡，不只可觀察到遭外力拉入正能態的電子，也可看到留在真空狀態的空洞；空洞代表之前曾存在的某種東西**不見了**。所以，例如電子本來是帶負電，那麼在均勻分布的連續體裡少了一個負電荷的話，就等於多了大小相同的一個正電荷。而少了負質量的話，也就等於是質量變正了；這個質量與原本的電子相同，只是是正數而已。換句話說，這個空洞會是一個完全正常、可觀測到的粒子。空洞的行為就跟電子一樣，只是它帶的是正電，而不像一般電子帶負電。我們稱這是正子。所以我們必須找到的是『**成對產生**』效應，也就是在空間裡的某一點同時出現一個電子與一個正子。」

「非常聰明的理論，」海豚表示，「但真的……？」

「下張投影片。」教授充滿權威感的熟悉語氣，打斷了湯普金斯先生的白日夢。

「正如我剛剛說的，唯一可觀察到連續體的方法，就是想辦法**干擾**，這樣連續體才會不再完美。如果你在連續體裡敲出一個洞後，即可說：『到處都呈連續狀態，只有**那邊**例外。』各位，這正是狄拉克的建議：在空無一物的空間裡敲出一個洞。這張圖顯示了那是辦得到的！

「這是氣泡室的照片。或許我該先解說一下，氣泡室是一種粒子偵測器，跟威爾遜雲室有些類似，只是『內外顛倒』而已。氣泡室是葛拉瑟發明的，他因此在一九六○年獲得諾貝爾獎。他說自己某次坐在酒吧裡，悶悶地看著眼前的啤酒瓶裡浮起許多氣泡時，他突然想到，既然威爾遜可以觀察氣體裡的液滴，那他為什麼不能將其加以改良，改成觀察液體裡的氣泡呢？雲室的原理是使氣體體積擴張，讓水汽達到足以開始凝結的過飽和狀態；那他為何不降低液體的壓力，使液體溫度竄高到開始沸騰呢？這就是氣體室的功用，讓我們利用氣泡形成的軌跡，記錄帶電次原子粒子的路徑。

「這張投影片顯示了兩對電子與正子的形成過程。一個帶電粒子從照片底部進入，圖中軌跡彎曲的那一點，就是粒子發生交互作用的位置。交互作用後，帶電粒子偏離原本路徑向右轉，另外還出現了一個中性粒子，中性粒子立刻變成兩道高能量的伽瑪射線。我們無法看到這個中性粒子，也看不到粒子造成的伽瑪射線，因為這兩者都是電中性，所以不會留下氣泡軌跡。不過，兩道伽瑪射線都會生成一對電子與正子，也就是圖上方的 V 形軌跡。請注意這兩個『V』的底部都指向下方發生交互作用的位置。

「另外，這兩道軌跡都是彼此對稱地向兩邊彎曲。這是因為整個氣泡室受到一個強大的磁場影響，將軌跡導引成與視線方向平行。磁

場讓照片中的帶負電粒子在移動時以順時針方向彎曲，帶正電的粒子則往逆時針方向彎曲。這樣大家應該可分辨出每一對的電子與正子分別是哪個了吧？附帶一提，某些軌跡較彎曲，是因為彎曲程度會受到粒子動量影響；動量愈小，彎曲程度就愈高。相信大家可以發現，照片裡充滿了描述氣泡室情況的線索！

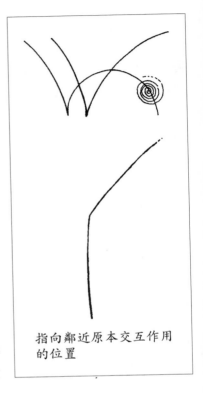

指向鄰近原本交互作用的位置

「現在大家知道要如何在真空裡敲出空洞了，那麼大家可能也想知道之後會發生什麼情況……

「老實說，湯普金斯先生想的根本不是這個。他的思緒已經飛回了之前當電子的生活；他清楚記得自己躲避嗜血質子時的驚悚經驗。不過教授依然繼續說明：

「……正子的行為還是像正常粒子一樣，直到遇上一個帶負電的普通電子。電子會快速落入空洞裡將其填滿。連續體又重回完整，電子與空洞都消失了，我們稱這種現象為正電電子與負電電子的**互相湮滅**。湮滅過程放出的能量則以光子型態釋放。

「我必須說明一點，剛才我一直將帶負電的電子當成狄拉克海洋的額外部分，並將正子當成海裡的空洞。當然你也可以反過來說，將一般電子當成空洞，正子則視為被撞出的粒子。從物理學與數學的角

度來看，這兩種情況是完全相同的。

「接下來，電子擁有正子這種**反粒子**並非什麼奇怪的事。因為像質子也有**反質子**。跟大家想的一樣，反質子的質量跟質子完全相同，但帶的電荷相反，也就是反質子帶的是負電。反質子可視為連續體裡的另一種空洞，這種連續體是由無數多的負質量質子組成的。對，**所有**粒子都有反粒子，真空狀態裡面的東西可多著呢！

「大家可能還有一個疑問，為什麼在我們熟知的這個世界裡，物質遠比反物質明顯呢？這個耐人尋味的問題非常難找到答案。因為由帶正電電子圍繞帶負電原子核所形成的原子，其光學性質與普通原子一模一樣，所以我們無法單靠分光鏡判斷遙遠星體到底是由跟我們一樣的物質組成，還是由相反的物質組成的。我們只知道類似仙女星座等星系，很可能是由這種完全相反的物質組成。然而唯一可證明臆測為真的方法，是想辦法取得遠方星系的其中一塊材料，然後用地球上的材料與它接觸，看看會不會發生湮滅現象（這麼做當然會發生驚人的爆炸）！

「其實我們不需要進行如此危險的實驗。我們常常會觀察到星系彼此互撞。如果一個星系是由物質組成，另一個則是由反物質組成的話，那麼兩個星系的電子與正子彼此湮滅時所釋放的總能量，將會相當龐大。目前還沒有觀察到這種情況。因此主張宇宙所有星系都是由同種物質組成的話，似乎也是很安全的假設。似乎宇宙裡的星系並非是一半由物質組成、另一半由反物質組成的。

「最近有人提出意見，認為在宇宙剛形成時，或許物質與反物質是各占一半的。但在宇宙大霹靂後的發展過程裡，似乎交互作用發生時都比較偏袒其中一者，於是導致了今日這種不均等的狀態。不過目前為止，這也只是暫時性的假設而已。」

第十五章
參觀原子擊碎器

　　湯普金斯先生幾乎無法抑制興奮的心情。教授安排了一批學生去參觀全世界最頂尖的高能物理實驗室。大家將要親眼看到原子擊碎器了！

　　在出發的數周前，每個人都領到一本小手冊。湯普金斯先生很認真地從頭看到尾，卻看不出個所以然。他根本摸不清頭緒，裡面的概念全混在一起：夸克、膠子、奇異數、能量轉換為物質，還有可解釋所有現象的「大一統理論」，但他卻不覺得大一統理論能解決他的困惑。

　　抵達訪客中心後，職員帶他們進入等待室；沒等多久，他們的嚮導就快步走進等待室裡。嚮導是一位雙眼明亮有神、態度誠懇的小姐，年紀大約在二十五歲左右；她向大家致上歡迎之意，自稱為韓森博士，是研究小組的一員。

　　「在去參觀加速器之前，我想先說明一下實驗室的工作內容。」

　　一位男士有些遲疑地舉起手。

　　「請問你有什麼問題嗎？」韓森博士問道。

　　「你剛剛說要參觀『加速器』，那原子擊碎器呢？我們不是也要參觀原子擊碎器嗎？」

　　嚮導做了個小小的鬼臉。「這兩者是一樣的。加速器這機器其實就是報紙上說的『原子擊碎器』，可是我們不使用報上的名稱，因為那會造成誤解。畢竟若想擊碎原子的話，只要撞出裡面部分電子

就可以了，非常容易。就算是擊碎原子核也可說是比較容易的事，至少比我們在這裡的工作更容易。所以我們稱這台機器是『粒子加速器』。」

「還有其他問題嗎？有想問的問題可以直接問……」她環顧周遭的學生，不過沒有人回答，所以她繼續說明。

「好的。我們最主要的目標是要了解物質最小的成分，以及是什麼力量繫住這些成分。想必各位都知道，物質由分子組成，分子由原子組成，原子則由核子與電子組成。電子是最基本的粒子，也就是說電子並非以更小的成分組成的。但原子核就不一樣了；原子核是由質

研究小組的一位成員

子與中子組成。我想大家都知道吧？」

學生點點頭。

「那麼顯然接下來出現的問題就是……」

「質子與中子是由什麼組成的？」一位女士猜道。

「沒錯。妳覺得我們要如何找出答案呢？」

「擊碎質子和中子嗎？」她大膽回答。

「的確，那似乎是正確的做法。科學家利用發射粒子擊碎觀察物的方式，找出了分子的結構，接著是原子結構，再來是原子核結構。因此我們首先也採取一樣的做法：加速質子、電子等粒子到高能量狀態，使其撞擊質子。我們希望可透過撞擊，讓質子分裂成更小的組成成分。」

「結果呢？」她繼續說，「質子裂開了嗎？沒有。不管發射粒子的能量有多大，**永遠**無法讓質子碎裂。反而發生了其他現象，這是非常卓越的成果。在撞擊後產生了新粒子，這些粒子一開始時都是不存在的。

「例如撞擊兩個質子後，最後可能會得到兩個質子加另一個粒子，這顆額外的粒子稱為 π 介子。π 介子的質量是電子質量的二百七十三・三倍，也就是 $273.3m_e$。剛剛的反應可以這麼寫……」

韓森博士走向一面掛紙看板，寫下：

$$p + p \rightarrow p + p + \pi$$

一位年長男士立刻舉起手。

「但這不合理論，」他皺著眉說，「雖然我上物理課已經是很久以前的事了，但我還記得一點：我們不能創造物質，也不能消滅物

質。」

「恐怕我得說你在學校學到的這點是錯的！」韓森博士宣布，引起台下陣陣笑聲。

「嗯，不過並非**完全**錯誤，」韓森博士立刻補充，「我們不能**無中生有**製造物質，這原理依然沒錯。對，我們是從能量裡創造物質的。這是愛因斯坦那條著名方程式允許的反應：

$$E = mc^2$$

我想大家以前看過這方程式吧？」

學生們面面相覷，大家都沒什麼把握。

「我想大家都**聽過**這個方程式，」湯普金斯先生幫大家說出心聲，「但之前的演講可能沒有詳細說明過。」

「這方程式是愛因斯坦相對論導出的結果，」韓森博士解釋，「根據愛因斯坦的理論，我們無法讓粒子加速到超越光速。要了解這概念的話，我們可以從質量增加的現象來看；當粒子速度愈快，質量也會愈大，因此想繼續加速也會愈發困難。」

「**這部分**在之前演講有說明過。」湯普金斯先生滿懷希望地說。

「好極了，」韓森博士回答，「那想來大家都知道粒子加速時，不但質量會增加，而且能量也會增加吧。方程式 $E = mc^2$ 實際上代表能量 E 與質量 m 之間互有關聯（c 是光速，讓我們可將質量計算成與能量的單位相同）。粒子加速時會獲得更多能量，因此質量也必須以與能量成比例的速度增加。這就是導致粒子變重的原因了。粒子的質量增加，是因為粒子獲得了額外的能量。」

「我不懂，」那位年長男士堅持道，「妳剛剛說粒子質量增加是

因為能量增加了；但粒子在靜止時也是有質量的，但靜止時卻**沒有**能量。」

「你說到重點了。大家別忘了能量有各種不同型態：熱能、運動的動能、電磁能或重力位能等等。靜止的粒子擁有質量這件事，代表**物質本身**就是一種能量，是一種『鎖住』或『緊包』的能量。靜止粒子的質量就是粒子內部能量的質量。

「撞擊時的情況，其實是射出粒子的部分初始動能轉變為『鎖住能量』，即新出現的 π 介子的鎖住能量。所以，撞擊後的總能量與質量都依然跟撞擊前完全相同，只是某些能量的型態改變了。這樣懂嗎？」

大家都點頭了。

「好，那現在我們創造出了一個 π 介子。接著我們重複進行實驗，觀察了許多次的撞擊結果。結果發現我們創造出的粒子質量，無法是**任意大小**；273.3m_e 可以，但 274m_e 或 275m_e 就從未出現過。雖然有較重的粒子，但其質量也只有允許的幾種。例如 K 粒子的質量是 966m_e，也就是約為質子質量的一半。此外也有比質子重的粒子，例如 Λ 粒子的質量是 2183m_e。事實上，目前所知的粒子有超過兩百種，每種都有自己的反粒子。我們認為粒子有無限多種種類；我們能製造出何種粒子，端看粒子撞擊時存在多少能量。能量愈大，可製造出粒子質量就愈重。

「現在創造出這些新粒子後，讓我們來看看這些粒子，檢視一下它們的性質。我們沒有對最初的問題失去興趣，也就是『質子是由什麼組成的？』，我們當然還是很想知道。但似乎想掌握了解質子結構的關鍵，我們必須要研究這些新粒子，而不是試圖將質子擊碎為組成成分。大家都知道，有時候我們可從某人的家庭背景去了解他是個什

麼樣的人。這兩者的道理是一樣的，我們可從質子與中子的近親身上，了解耳熟能詳的質子或中子結構。

「結果我們有什麼發現呢？跟大家想的一樣，新粒子也擁有正常的特性：質量、動量、能量、自旋角動量與電荷等等。但除了這些特性外，還有其他的**新**特性，這是質子與中子沒有的特性。這些新特性的名稱包含『奇異』、『魅』等等；但別被這些古怪的名稱騙了，其實每種特性都有嚴格的科學定義。」

某位學生舉起手來。「請問什麼叫做『新特性』？現在討論的是什麼樣的特性？你們是如何辨識的呢？」

「你問得很好。」韓森博士開始思考，她暫停了一會兒。

「好，讓我這樣說好了。首先先從大家熟知的特性開始。讓我們來看看以下這個反應，這反應可製造出一個不帶電的 π 介子，即 π^0 粒子：

$$p^+ + p^+ \rightarrow p^+ + p^+ + \pi^0 \qquad (\text{i})$$

這個方程式裡的上標代表粒子帶的電荷。通常我們不會在 p 上標明＋號，因為大家都知道質子帶一單位正電。但我想把這裡的電荷標示出來，大家等一下就會知道理由何在了。接下來是另外兩個反應，一個反應製造了 π^-，另一個則製造出 π^0。

$$p^+ + n^0 \rightarrow p^+ + p^+ + \pi^- \qquad (\text{ii})$$
$$\pi^- + p^+ \rightarrow n^0 + \pi^0 \qquad (\text{iii})$$

此處的 n^0 代表中子。這三個反應都會發生，但接下來這個反應就**不會**

發生：

$$p^+ + p^+ \nrightarrow p^+ + p^+ + \pi^-$$ （iv）

大家想想為什麼會這樣呢？為何前三種反應會發生，第四個卻永遠不會發生呢？」

「是因為電荷數錯了嗎？」一位年輕學生問道，「第四個反應式左邊有兩個正電，右邊卻有兩個正電與一個負電，這樣電荷不平衡。」

「沒有錯。電荷是一種物質特性，必須守恆。反應前與反應後的淨電荷必須相等，但第四個反應卻不相等。這是很直接易懂的。不過現在讓我們看看另一個反應，這反應包含兩種新粒子，Λ^0與K^+。」

$$\pi^+ + n^0 \rightarrow \Lambda^0 + K^+$$ （v）

這是我們觀察到會發生的反應。請把上式反應與以下這個**永遠不會發生**的反應比較一下：

$$\pi^+ + n^0 \nrightarrow \Lambda^0 + K^+ + n^0$$ （vi）

如果你希望製造出與（vi）結果相同的粒子組合，那起始的組合就必須改成以下組合：

$$p^+ + n^0 \rightarrow \Lambda^0 + K^+ + n^0$$ （vii）

但以這種起始組合進行反應時，下列反應就不會發生：

$$p^+ + n^0 \not\to \Lambda^0 + K^+ \qquad\qquad\qquad (viii)$$

可是從節省能量的角度來說，生產（$\Lambda^0 + K^+$）會比生產（$\Lambda^0 + K^+ + n^0$）更容易。因此出現問題了：是什麼因素阻止了反應（vi）與（viii）發生呢？」

韓森博士掃視學生的臉龐，「這次與電荷數守恆有關嗎？」

學生們都搖搖頭。

「沒錯，不可能，」韓森博士說，「這次電荷數是平衡的。有人想到什麼原因嗎？」

學生們全露出一臉茫然的樣子。

「這時候我們就要引入新特性的概念了。我們稱這是『**重子數**』。重子數的英文名稱來自希臘文的『重』，縮寫以字母代表。我們將粒子的重子數數值定為：

n^0、p^+、Λ^0 的 B 為正一單位

π^0、π^+、π^- 和 K^+ 的 B 為零

第一群粒子稱為『重子』。第二群粒子稱為『介子』，是以希臘文的『中間』命名的（或許我該說明一下，另外還有一群粒子，這群電子較輕，稱為『輕子』，例如電子就是其中一者）。

「現在規定了 B 值後，我們假設 B 也守恆：撞擊前、後的重子數應該保持不變。大家記住這一點後，讓我們回頭看看前面那些反應式。大家會發現那些可行的反應都是 B 守恆的反應，而不會發生的反

應則是 B 未守恆的反應。」

　　學生們專心加加減減了一兩分鐘後，都開始點頭，喃喃表示贊同。

　　「好，所以那些反應無法進行，是**因為** B 未能守恆。這些無法發生的反應讓我們得知存在一種新性質 B。此外，我們也知道了這項性質的特色：撞擊時必須守恆，跟電荷、能量或動能等等都一樣。」

　　學生們顯然對韓森博士的解釋深感滿意，但湯普金斯先生卻沒有，他雙手抱胸，滿臉懷疑地坐在位子上。韓森博士也注意到他的神情。

　　「有什麼不對的嗎？」她詢問，「你有什麼問題嗎？」

　　「不算是問題，」湯普金斯先生回答，「應該說是我的感覺吧。坦白說，剛剛的解釋有點難說服我。希望妳不要介意我這麼講，事實上我覺得那聽起來很像是騙人的！」

　　「騙人的？」韓森博士略感困惑地問道，「我不太……抱歉，為什麼你會覺得……？」

　　「我是說每種粒子的重子數數值。你們是從哪裡算出重子數的呢？我覺得你們為了獲得想要的結果，所以自行分配每種粒子的重子數是多少。你們把重子數數值安排成正好符合會發生的反應，而且也不會違背那些無法發生的反應。」

　　其他學生驚訝地瞪著湯普金斯先生，心想他怎麼敢這麼說？不過緊張的氣氛很快就消失了，因為韓森博士笑了起來。

　　「非常好，」她說，「你說的一點都沒錯，那就是我們分配每種粒子的重子數時的做法。我們檢視會發生的反應與不會發生的反應後，再分配合適的重子數數值給每種粒子。

　　「不過我們還有其他根據，不然這樣做也只是浪費時間而已。是

這樣的，我們在進行一連串的反應，找出每種粒子的重子數後，就可從這些發現去預測**其他**反應，推測哪些反應會發生、哪些又不會發生，我們可以做出成千上萬的預測。」

湯普金斯先生還是不相信的樣子。

「不然這麼說吧，」韓森博士補充解釋，「某天，一個研究小組公布了他們的大發現。他們找出了一種新的帶負電粒子，稱之為X⁻，這種粒子是在以下反應中產生的：

$$p^+ + n^0 \rightarrow p^+ + p^+ + n^0 + X^-$$

（ix）

請問X⁻的 B 是多少？」

底下的學生在快速計算之後，此起彼落地問道：「是等於負一嗎？」

「對，反應式左邊的 B 加總後是正二；反應式右邊有兩個質子與一個中子，所以 B 為正三。因此為了讓左右平衡，X⁻ 的 B 值必須等於負一。好，現在我們已經『利用完』這個反應，找出 B 值是多少。這就是『騙人』的部分。」韓森博士說，她刻意朝湯普金斯先生的方向看。「於是現在研究員認為在產生X⁻粒子後，它可以進行以下反應：

$$X^- + p^+ \rightarrow p^+ + p^+ + \pi^- + \pi^-$$

（x）

大家覺得可以嗎？」

學生們先是不加思索地點頭，但大家低聲討論後，有幾個人開始遲疑地搖頭反對。

「怎麼了嗎？」韓森博士問這些人，「你們覺得研究員的推測不

對嗎？」

　　大家又開始討論起來。隨後其中一位學生解釋道，若 X^- 的 B 值跟研究員計算的一樣，確實等於負一的話，那新反應式左右的 B 值就不相等，也就是說新反應**不應該**會發生。

　　「很好！說的沒錯，研究員只是在開玩笑而已。X^- 真正的反應是：

$$X^- + p^+ \rightarrow \pi^- + \pi^- + \pi^+ + \pi^+ + \pi^0 \tag{xi}$$

大家可以算算看，這個反應式就前後**平衡**了。這麼一來，大家剛才使用了重子數做出預測，因此預測出反應式（x）無法發生。這就是重子數概念的功用。」韓森博士轉向湯普金斯先生，問他：「現在覺得滿意了嗎？」

　　湯普金斯先生微笑點頭，表示贊同。

　　韓森博士繼續說：「其實剛剛的 X^- 是反質子，通常我們以 $\bar{p}$ 符號代表。反質子的質量與質子相同，但其電荷與 B 值皆與質子相反。反應式（xi）正是質子與反質子互相湮滅時的典型反應。

　　「那麼現在大家都了解概念了，讓我們來看看以下這個反應吧，這是**永遠不會**發生的反應：

$$K + n^0 \nrightarrow \pi^+ + \Lambda^0 \tag{xii}$$

請大家算算看反應式兩邊的電荷數與 B 值，兩者都是相符合的。但就像我剛剛說的，這個反應永遠不會發生。大家覺得是為什麼呢？」

「這又是另一種性質嗎？」慕德提出意見。

「對，沒錯。我們稱之為『**奇異數**』，以 s 代表。K^+ 的 s 為正一，n^0、π^+、π^- 的 s 都等於零；Λ^0 與 K^- 的 s 則等於負一。

「請注意，正常的物質如質子與中子，都沒有奇異數。所以若想產生帶有奇異數的粒子，就必須同時製造出超過一個的粒子：一個 s 為正一的粒子與一個 s 為負一的粒子（就像反應式（v）與（vii）一樣）。這樣兩個粒子的 s 加總後就等於原本的零。過去我們還不知道有 s 的存在以及 s 會守恆的特性時，就從第一個反應中發現了這些新粒子，因為這些粒子總會彼此相伴出現，所以讓我們覺得很詭異、奇怪，這也是以『奇異』命名的原因。其實，若我沒記錯的話，大家的手冊中都有一張併生反應的照片，你們可以看一下。總之在發現奇異數後，也發現了其他性質：**魅味道**、**頂味道**、**底味道**等等。

「所以，撞擊反應中的粒子都擁有一組特性代號。例如質子帶有電荷，它的 Q 為正一、B 為正一、s 為零，且魅數、頂數與底數都是零。

「但是，想必大家心裡也出現了一個疑問；雖然以上發現都很重要，但這跟找出質子與中子的結構有關嗎？畢竟之前我也說過，我們可藉由觀察質子的近親，也就是觀察這些新粒子，來了解質子的結構。現在我們要開始進入偵查工作了。首先，基本動作是將擁有共通特性的粒子歸類在一起，例如一樣的 B 值、一樣的自旋等等。接著根據粒子另外兩種性質的數值，把這些粒子全都展開。第一種性質是我們剛剛說過的 s，另一種則是**同位旋**，寫為 I_z。『同位旋』的名稱來自『同位素』，意思是『一樣的型態』。某些粒子彼此非常相似，它們擁有一樣強的交互作用，質量也幾乎相等，讓人覺得這些粒子其實是同一粒子的不同型態而已。例如質子與中子可說是『核子』這種粒

子的兩種型態。其中一種型態的核子有帶電、Q 為正一，另一種型態的核子的 Q 則為零。在同位旋方面，其 I_z 分別等於正二分之一與負二分之一（同位旋名稱中的『旋』，是因為粒子的行為在數學裡與一般的旋轉行為很類似）。

　　「其中一種定義 I_z 的方法，就是利用關係式 $I_z = Q - \overline{Q}$，其中 Q 為粒子的電荷數，$\overline{Q}$ 則是該粒子從屬的多重態平均電荷數。例如 p 的 Q 為正一，n 為零，其核子雙重態的平均電荷數為 $\overline{Q} = 1 + 0 = \frac{1}{2}$。所以 p 的 I_z 值應為 $I_z = 1 - \frac{1}{2} = +\frac{1}{2}$。n 的 I_z 值則是 $I_z = 0 - \frac{1}{2} = -\frac{1}{2}$。

　　「現在像我之前說的一樣，我們挑出擁有某些共通特性的粒子，根據其個別的 s 值與 I_z 值展開。例如這個……」

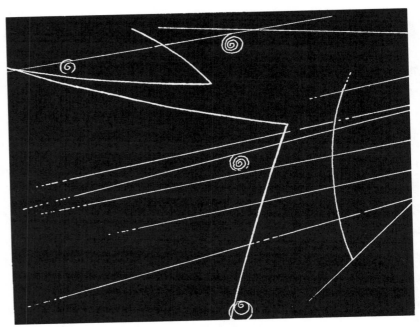

併生反應

韓森博士畫出了一組粒子。

「這是我們得出的其中一種模式：這群粒子包含八個重子，每個粒子的 B 都等於正一，自旋數為二分之一。請注意這圖形呈六角形，有兩個粒子位於中心。大家可看到圖裡也包含質子與中子。經過如此的排列後，我們發現質子與中子其實是八人家族裡的兩個成員。」

「現在請看這張圖……」

韓森博士畫出第二個圖形。

「這是 B 為零、自旋數也為零的介子家族，裡面包含 π 介子。這圖形跟剛才的圖一樣，整體是呈六角形的，而且也是八重態，但這次中心多了一個單重態粒子。

「好，現在我們要如何解釋這圖形呢？出現相同圖形只是巧合嗎？答案是『否』。對數學家來說，這種模式是有特殊涵義的，它來

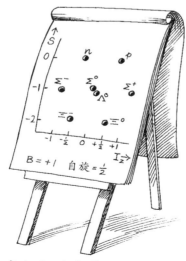

畫出了一組粒子

自一種數學理論，名為『群論』；直到最近為止，物理學中都很少用到『群論』，大概只有說明晶體的對稱性時會用到而已。我們稱這是『SU(3) 對稱群』。『SU』代表『特殊單式群』，用來解釋對稱的性質。『3』則代表有三重對稱（當我們將圖形旋轉一百二十度、二百四十度與三百六十度時，都會得到與原本相同的圖形）。

　　「除了出現六角形的八重態圖形外，根據 SU(3) 理論，我們也預期還有其他的三重對稱圖形。最簡單的是單重態。介子裡有單重態，也有八重態。另外還有呈現三角形的十重態……」

　　這時候門外傳來敲門聲，打斷了韓森博士的話。敲門的人交給她一張紙條。

　　「好極了，我們的小巴士到了。恐怕我的簡短課程得在此中斷，真是抱歉，不過相信在未來的演講裡，你們應該會聽到 SU(3) 圖形的

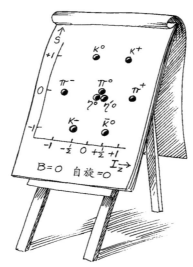

整體是呈六角形的

相關說明。」

　　他們花了好一段時間坐車才抵達目的地。下車之後，大家朝一棟看來不怎麼大的建築走去。

　　「加速器在**這裡面**嗎？」湯普金斯先生略感失望地詢問嚮導的韓森博士。

　　韓森博士笑著搖搖頭，說道：「不是，不是。加速器在**下面**！」

　　她指向地下。「加速器大約在離地表深一百公尺的地方。這棟建築物是進去的入口而已。」

　　大家進入建築物搭乘電梯。電梯抵達最底層後，大家一出來就看到了加速器隧道的入口。

　　「通常在進去之前，我都會先稍微說明一下。或許大家都沒想到，其實你們家裡就有粒子加速器。例如這台就是。」韓森博士邊說邊指向大門旁的監視器電視。「在電視的映像管中，熱燈絲加熱電子，接著電場加速電子，讓電子撞擊到前螢幕。這裡的電場是由通常為兩萬伏特的電壓降製造的。電視中的電子擁有兩萬電子伏特（eV）的能量。我們在這裡也用 eV 作為基本的能量單位；嗯，精確來說不是 eV，eV 這單位太小了。利用百萬 eV 的單位比較容易處理，我們稱之為百萬電子伏特（MeV），也就是 10^9eV，縮寫為 GeV。我舉個例子讓大家更清楚情況，例如質子的『鎖住』能量為 938MeV，接近 1GeV。另外我還要說明一下，一般我們在表示粒子質量時，都是以對應的能量來表示的，而不是用電子質量表示。所以質子的質量為 938MeV/c^2。

　　「大家等一下會看到的粒子加速器，也一樣是加速電子，不過它提高能量的程度比這台電視更高；加速器的能力足以創造出剛才我提過的那些新粒子。事實上，加速器的能量必須達到數十 GeV，甚至數

百GeV才行，這等於要有10^{11}伏特的電壓降！但是我們沒有辦法營造出那麼高的電壓降，而且讓它保持穩定不變，光是絕緣的問題就很麻煩了。待會兒我就會告訴大家是如何克服這困難的。不過現在請大家看看……」

她把手伸入口袋，拿出某樣東西；她把那東西放到電視螢幕前。電視畫面立刻開始嚴重扭曲。

「這是磁鐵，」她說道，「磁場一樣可用來推動粒子束。大家也別忘記這概念。還有一件事，」她急忙補充，「請不要、**千萬**不要在你家電視上做這個磁鐵實驗。如果是彩色電視的話，它會壞掉；你家的螢幕會留下磁鐵影響電子束的永恆紀錄！只有這種黑白電視才不會發生問題。好，我們繼續吧。」

他們沿著通道往下走，通道盡頭豁然開朗，出現了一條跟鐵路隧道差不多大的隧道。入口對面是一條金屬長管，管身寬度約為十到二十公分，整條管子沿著隧道一直延伸下去。韓森博士走向金屬管，向大家解說：

「這條管子裡就是粒子穿越的路徑。粒子要行進的路途很長，中間不能撞到任何東西，所以管子裡必須呈真空狀態。其實這管裡的真空狀態比外太空許多區域的真空狀態更乾淨。這個東西……」韓森博士指向包覆在金屬管外的一個箱子，「這是空心的銅製射頻共振腔。當粒子穿越金屬管時，射頻共振腔可產生負責加速粒子的電場。但其實它的威力並沒有特別強大，跟剛剛電視螢幕的加速場差不多而已。那麼我們是如何獲得所需的龐大能量呢？

「請大家看看隧道的遠端。有人看出隧道的形狀了嗎？」

大家忙著向遠處窺探，隨後一位年輕男性說：「隧道是彎曲的，不過彎曲的程度不明顯。我一開始還以為是直的，但其實不是。」

這條管子裡就是粒子穿越的路徑

「沒錯，這個隧道和加速器的管子一樣，都是彎曲的；正確來說，是圓形的，整個設備就像一個空心的甜甜圈一樣。這個加速器與其他類似設備的圓周都是以數十公里為單位。現在我們眼前的只是整個大圓的一小部分而已。我們讓電子在這個圓形軌道裡打轉，也就是說電子最後會回到起點，再度經過相同的射頻共振腔。每次電子經過射頻共振腔時，就會獲得另一股推力。因此我們根本不需要龐大的電壓降，我們只要利用**相同的**射頻共振腔，一次又一次地提供一連串的小推力給電子。很聰明，不是嗎？」

學生們紛紛表示同意。

「但這又帶來另一個問題。我們必須將粒子的路徑彎曲為圓形。大家覺得我們該怎麼做呢？」

「呃，根據妳剛剛在電視螢幕前的實驗，我想應該是靠磁鐵吧。」湯普金斯先生提出他的意見。

「沒錯，就是這個。」韓森博士走到一個巨大的鐵塊旁，這個鐵塊也一樣包覆著金屬管。「這是一塊電磁鐵，磁鐵兩極分別位於管子的上方與下方，形成一個垂直的磁場，可以彎曲粒子水平的行進路徑。大家沿著隧道看過去的話，將會發現管子上有很多電磁鐵，全都一樣包覆在管子外圍，藉此塑造出粒子必需的彎曲路徑。

「但還有另一個問題：磁鐵彎曲帶電粒子路徑的程度，會受到粒子動量大小的影響，也就是粒子質量乘速度的值。但這些粒子都在加速運動，動量會不斷增加，因此也愈來愈難彎曲粒子的路徑，愈來愈難讓粒子繼續維持沿著圓形軌道行進。所以隨著粒子的動量增加，我們也必須讓流向電磁鐵的電流量逐步提升，電磁鐵的兩極磁場就會隨之增強。如果磁場增加的速度跟粒子動量增加的速度同步，那麼粒子在加速期間，就可維持在完全相同的軌道上行進了。」

「哈！」年長男士高聲說：「怪不得叫做『同步加速器』。我一直在想為什麼要取這名稱呢。」

「對，這就是名稱來源。這感覺有點像奧運裡的擲鏈球運動，當你一圈又一圈地甩著鏈球時，隨著鏈球速度愈來愈快，抓緊球的力量也會愈變愈大。」

「所以說，當這些粒子達到某一階段後，你們就會把粒子釋放出去嗎？你們最後會鬆開粒子，讓粒子從某處射出嗎？」

「其實不是如此，」韓森博士回答：「那是我們**過去**的做法。以前當粒子達到最大能量後，我們會啟動一個脈衝式偏向器磁鐵或電場來釋放粒子。粒子隨即撞擊銅製或鎢製的目標體，產生新粒子，接著我們再用其他磁場與電場將新粒子分類、區隔。最後將新粒子送到偵測器裡，例如氣泡室就是一種。」

「但從可用能量的角度來說，利用那種固定目標物的效率並不算好。因為碰撞時，除了能量守恆外，動量（即推動力）也必須守恆。加速器發射的粒子帶有動量，其動量勢必會傳遞到撞擊時新生的粒子上。但最後產生的那些粒子除了獲得動量外，也會獲得動能。所以事實上，射出粒子必須先保留部分能量，這樣稍後才能以動能的型態，將能量一併與必需動量傳遞到最終生產的粒子上。」

「這台機器的優點，在於裡面有兩道粒子束以**相反**方向行進。這兩道粒子束會迎頭撞擊，所以一個粒子攜帶的動量，全都可被反方向粒子攜帶的相等反向動量抵銷。因此，兩道粒子束擁有的**所有**能量，都可用來生產新粒子。這有點像是兩台車頭碰頭對撞一樣，兩台車對撞造成的破壞力，會比其中一台車靜止不動時更嚴重，靜止時的撞擊只會讓車子偏向而已。」

「所以妳的意思是這裡有兩台加速器，一道粒子束用一台嗎？」

慕德問。

「不是，沒有這個必要。磁場彎曲粒子的行進方向時，帶負電粒子與帶正電粒子所偏移的方向是相反的。所以只要利用同樣的偏向磁鐵與加速腔，就可讓帶正電的粒子往一個方向前進，帶負電的粒子往另一個方向前進了。當然，為了讓粒子保持在完全相同的軌道上，粒子必須一直保有相同動量，因此兩組粒子必須擁有一模一樣的質量與速度。所以這台加速器裡面利用的是反向旋轉的電子與正子。其他還可利用質子與反質子的組合。

「就這樣，我們讓粒子一直朝相反方向加速繞行，直到獲得最大能量。接著我們導引兩組粒子來到管內選定的位置後，讓兩組粒子對撞。我們的偵測器就是安置在對撞點上。」

「根據妳剛剛說的理由，對撞的實驗方式應該是最明顯的選擇。那為什麼一開始科學家卻選擇用固定目標物呢？」年長男士問道。

「粒子束對撞實驗的困難，在於我們必須擁有密度夠緊密的正子束或反質子束，」嚮導解釋，「我們會將粒子集中成跟鉛筆一樣粗的粒子束。但即使如此，當粒子束迎頭撞擊時，大多數粒子卻依然只是飄遊過撞擊點，根本沒碰上對向的粒子。所以我們必須應用極度精密的技術來集中粒子，才能獲得符合效益的撞擊數量。這要靠聚焦磁鐵，例如這邊這個，」她指向一個外觀不同的磁鐵，「這種磁鐵有兩對磁極，不像一般磁鐵只有一對。」

「可是我不懂，為什麼加速器要做得這麼大呢？」一位女士問道。

「大家必須了解，這些磁鐵能產生的磁場大小是有限的。當粒子擁有的能量愈大，就會愈難操控，愈難以圓形路徑前進，因此磁鐵數量必須愈多愈好。但是大家也可看到，磁鐵的實際尺寸是固定的，大

約六公尺大。為了達到效果，我們必須在圓管外安置約四千個磁鐵，這還不包含聚焦磁鐵與加速腔，所以加速器的規模才會如此龐大。粒子最終累積的能量愈大，圓管的尺寸也必須愈大。」

「現在裡面有粒子在跑嗎？」其中一個學生問。

「天呀，當然沒有！」韓森博士驚訝地說，「當加速器運轉時，加速器隧道是禁止進入的，因為這裡的輻射強度太高了，所以不行。現在正好是加速器定期關閉、進行維護的時間，所以各位的參觀行程

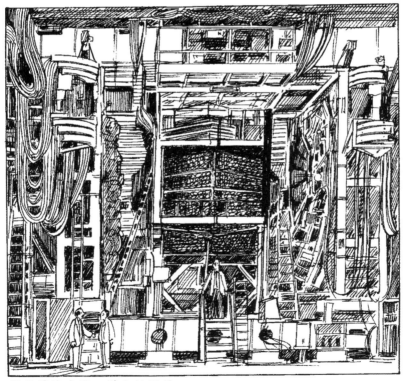

跟兩層樓房子一樣大的設備

才排在今天。」

　　韓森博士瞄了一眼手錶後，繼續說：「好，我們得繼續行程了。請大家跟我來，我要帶各位去粒子束撞擊的其中一個位置。讓大家看一下偵測器的樣子。」

　　大家走了很長的一段距離，經過了似乎永無止盡的眾多磁鐵後，終於抵達了隧道變寬的一個位置，這裡像是一個巨大的地下洞窟。洞窟中心有一個高聳的物體，大到幾乎跟兩層樓的房子一樣。

　　「這就是偵測器，」韓森博士告訴大家：「大家覺得**怎麼樣**呢？」

　　所有人都一如預期地大為驚嘆。

　　「不好意思，請不要亂走，」韓森博士匆忙叫回一對想靠近觀看的夫妻。「我們不能妨礙物理學家與技師的工作；他們的工作行程非常緊迫，所有維修程序都必須在短暫的暫停運轉期間內完成。」

　　韓森博士繼續解釋偵測器如何包覆在粒子束撞擊點的管外。偵測器是用來探測撞擊後產生的粒子。其實偵測器並非單一結構，而是由許多個小偵測器組成，每個偵測器都有自己的特性與工作。例如有一種是透明塑膠，當帶電粒子通過時就會發出火花。另外當一個粒子以超過光速的速度行經某媒介時，這種媒介的粒子就會放射出一種特別的光（契侖可夫輻射）。

　　「可是我以為根據相對論原理，應該沒有東西能以超過光速的速度前進，光速不是速度極限嗎？」一位女士插嘴問道。

　　「對，沒錯，但那僅限於**真空狀態**，」韓森博士解釋，「當光線進入水、玻璃、塑膠等媒介時，速度就會減慢。這也是為什麼會有折射現象，也就是光線會改變方向的原因；妳戴的眼鏡鏡片正是利用這原理。粒子在媒介中是可以比光速更快的。當粒子超越光速時，會放

射出一種電磁震波,跟飛機速度超越音速時的音爆很類似。」

韓森博士繼續說明某些偵測器是由氣體室組成,這些氣體室裡含有數千條充電的細絲。當帶電粒子通過氣體室時,就會撞出氣體原子的電子(讓氣體原子離子化)。這些電子移動到細絲上時即可留下紀錄。在得知所有細線帶電的時間點後,就能重建粒子路徑。加上磁場後,利用磁場在各條路徑上造成的曲率,就能計算出粒子的動量。

另外還有熱卡計,這名稱來自學校自然課的熱實驗中測量能量的熱卡計。偵測器中的熱卡計負責測量每個粒子的能量,也可測量一束粒子的總能量。

當科學家知道粒子帶有的能量,再加上從磁場彎曲路徑後所算出的動量後,就能驗明主要反應產生的粒子質量。最後,熱卡計之後則是緲子偵測器的小室。緲子像電子一樣,都不受強核力影響。然而緲子與電子不同,緲子不會輕易以放射電磁輻射的型態來釋放能量(因為緲子的質量約為電子的二百倍重)。因此緲子可以輕輕鬆鬆地強行通過大部分障礙物;科學家就是利用這種特性來觀測緲子。位於外層的緲子偵測器裡面裝滿高密度材料,所以只要能通過這些材料的就是緲子!

這些不同類型的偵測器像是圓筒形的洋蔥般層層重疊,安裝在加速器發生撞擊位置的管外。這些偵測器的組合方式有如超大立體拼圖一樣,整個設備的重量高達兩千噸。

「不過想必你剛才說的偵測工作,只有在同步加速器啟動時才會進行吧?」湯普金斯先生說。

「當然。」

「可是同步加速器啟動時,大家都禁止進入,不是嗎?這樣科學家怎麼知道下面到底發生了什麼事呢?」

「你問得很好，」韓森博士表示，「看到這些線了嗎？」她指向從偵測器連接出來的一大捆纏繞的纜線。那些線的樣子讓湯普金斯先生想到遭炸彈攻擊後的義大利麵工廠。

「這些纜線擷取每個偵測器的電子訊號，將訊號送到電腦上。電腦處理所有資訊後，再重建粒子的路徑。電腦的處理結果將會顯示在遠方控制室的物理學家眼前。因此，控制室裡的物理學家就可看到要檢測的對象是什麼了。」

她轉頭比向牆上用膠帶貼的一張照片。

「請大家過來看一下。接著我就要帶各位去參觀控制室了。」

湯普金斯先生一邊跟著大家前進，一邊回頭瞄了偵測器一眼；結

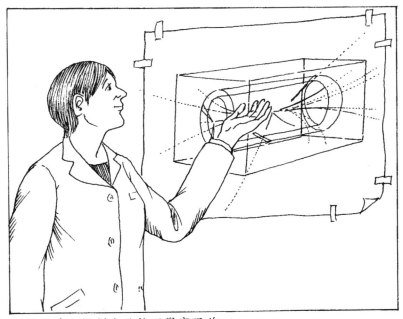

顯示在遠方控制室的物理學家眼前

果他沒注意到某位維修技師留下一條纜線在地上，纜線絆倒湯普金斯先生，讓他的頭撞到了水泥地……

「拜託，華生，現在可沒時間休息，快起來幫我的忙。」

湯普金斯先生的上方浮現一位穿著福爾摩斯服裝的身影；他正想解釋自己不叫華生的時候，突然注意到一旁的偵測器。偵測器正在往四周噴出粒子！粒子全都在地上亂滾。

「快點！幫我把東西撿起來，能撿多少就撿多少。」

湯普金斯先生四處張望，尋找韓森博士與其他學生的身影，可是卻看不到他們。他心想大家一定是拋下他去控制室了。雖然感覺有點不對勁，不過大家等一下應該會回來找他才對。只是他現在最好還是先順從這個打扮奇特的怪人。

湯普金斯先生撿起粒子，抱個滿懷後，把粒子搬到那個像福爾摩斯的人身邊，福爾摩斯正在安靜檢視地上整齊排列的各個粒子。湯普金斯先生認出地上的粒子是熟悉的 SU(3) 群六角形。

「好，自旋等於二分之一的已經夠了，現在該找自旋等於二分之三且 B 為一的粒子。」福爾摩斯伸手說道。

「請問你說什麼？」

「自旋等於二分之三且 B 為一的粒子。幫個忙吧，好友，我已經完成其他部分了。」

湯普金斯先生根本搞不清楚狀況。「我怎麼知道……」

「看標籤啊。」大偵探不耐煩地說。

這時候湯普金斯先生才注意到每個粒子上都貼了一個小標籤，標籤裡列出了每個粒子的性質。湯普金斯先生在粒子裡仔細篩選，挑出了標籤上標明自旋等於二分之三且 B 為一的粒子。福爾摩斯彎腰把粒

自旋等於二分之三且 *B* 為一的粒子

子放到地上。他將粒子重新排列之後，拉來一張椅子，坐在那邊專心研究著。

「這個嘛，華生，」福爾摩斯喃喃說道，「你覺得怎麼樣？我想聽聽你對事件重建的想法。」

湯普金斯先生端詳眼前的圖案。

「看起來像三角形。」他大膽推測。

「你是這樣覺得嗎？身為追求精確科學的人，你沒發現自己的結論有什麼不對勁嗎？」

「呃，底端的三角形頂點不見了。」

「沒錯！你敏銳的觀察是對的，這三角形還不完整，它少了一個粒子。可以請你把最後的粒子給我嗎？」

福爾摩斯還是一樣盯著圖形看，朝湯普金斯先生伸出手。

湯普金斯先生又再一次悉心翻找著眾多粒子，卻找不到符合的粒子。

「抱歉，福爾摩斯，這裡似乎沒有。」

「嗯。但我認為這位置還有另一個粒子的可能性極高。根據我們的工作假說，你能歸納出缺少的那顆粒子擁有何種特性嗎？」

湯普金斯先生想了一會兒。「它的自旋等於二分之三，而且 B 等於一？」

「親愛的華生，你真是太聰明了，」福爾摩斯語帶嘲諷地說，「那顆粒子當然會擁有這些特性，否則就不屬於這家族了。用大腦想想吧！還有什麼其他的特性？你知道我用的方法是什麼，套用那些方法吧。」

湯普金斯先生不知道福爾摩斯到底要他怎麼想。他停了一陣子，承認道：「恐怕我不知道。」

「真的假的？」福爾摩斯生氣了，「受過良好科學訓練的人，應該可清楚看出缺少的那顆粒子帶負電，沒有帶正電或不帶電的對應粒子，它是單一態的粒子。這粒子的 s 為負三（這種奇異數非常少見），質量則約為$1680MeV/c^2$。」

「老天爺，福爾摩斯，你真是讓我大吃一驚。」湯普金斯先生驚

呼道。他發現自己在不知不覺中開始扮演華生的角色了。

「這是要完成三角形的最後一個粒子，我想稱它為 Ω^- 粒子。」福爾摩斯做出結論。

「可是我不懂，你從哪裡知道這些事的？」

偉大偵探微笑了。「能施展你沒有的小小力量，真是令人感到愉快。首先，這圖案裡有多少空洞？」

「一個。」

「沒錯，所以我們要處理的是缺少的一個粒子。接下來，你認為它的奇異數會是如何？」

「嗯，根據這圖形的差距，s 應該是負三。」

「正是。那帶電數呢？」

「不知道，這我就真的不清楚了。」

「用用你的觀察力吧。注意到每排最左邊的粒子所帶的電荷嗎？」

「最左邊的粒子都帶負電。」

「沒錯，我們的 Ω 粒子也在它那排的最左邊，所以它也一定是帶負電。」

湯普金斯先生提出反對意見：「但是它那排只有一顆粒子，所以它也算是最右邊的粒子呀！」

「那又如何？你自己看看每排最右邊的粒子吧。注意到什麼了嗎？」

湯普金斯先生研究了一下，隨即表示：「喔，我懂你的意思了。每排最右邊的粒子都連續降低一單位的電荷，從 Q 為正二、正一，到零，所以最後一個粒子的 Q 等於負一，跟我們剛剛說的一樣。可是你最後提到 Ω 的質量，你怎麼能確定質量呢？」

「你看一下其他粒子的質量。」

「好，然後呢？」湯普金斯先生問，他完全搞不清楚情況。

「心算呀！每排粒子間的質量差距為何？」

「呃，Δs 和 $\Sigma^\star$s 之間的差為 $152 \text{MeV}/c^2$；而 $\Sigma^\star$s 與 $\Xi^\star$s 之間的差是……$149 \text{ MeV}/c^2$。幾乎是一樣的。」

「根據這兩個差，我推測 $\Xi^\star$s 和 Ω 粒子間也存在一樣的質量差。現在我們的網子愈收愈緊了。記住剛剛提到的性質，或許你可以好心幫忙找找那顆粒子。」

福爾摩斯說完後又靠回椅背上，十指交握，閉上了眼。

雖然湯普金斯先生對福爾摩斯高高在上的態度覺得很不滿，但他又很想知道那些推測到底正不正確。所以他乖乖走回去，打算好好翻找一下偵測器四周散落的各種不同粒子。

不過他還來不及走回去，突然冒出了一群電子蜂擁而至。這些電子團團圍住了湯普金斯先生，迫使他跟著一起行進。

「登入！」某個聲音命令道。所有電子立刻衝向加速器，推擠著湯普金斯先生一起往前衝。所有電子都擠進了管內，感覺比搭尖峰時間的電車還要擁擠、可怕。電子們粗魯地用手肘互推，試圖爭取一些空間。

「抱歉，到底是怎麼了？」湯普金斯先生詢問身旁的一位電子。

「怎麼了？你是新來的嗎？」

「其實……」

「歡迎加入神風特攻隊！」那位電子恐嚇般地斜眼看他。

「什麼？我不……」

但連解釋的時間都沒有；他們背後猛然傳來激烈撞擊，所有電子開始沿著管子前進。正當湯普金斯先生以為自己要撞上彎管的管壁

時，他發現有一股穩定的橫向力正導引他避開牆壁。

「啊！這一定是轉向磁鐵的效果。」湯普金斯先生心想。隨即他身後又傳來一股推力。「這一定代表我們又通過一個加速腔了。」

電子沿著管道前進時，不斷出現一次又一次的推力；湯普金斯先生注意到電子束似乎變得有些鬆散。「這應該是因為我們都帶負電，所以彼此互斥吧？」

但這時所有電子又突然受外力擠在一起。湯普金斯先生推斷這一定是因為他們正好通過一個聚焦磁鐵。

剎那之間，黑暗深處的對面浮現了一群粒子朝他們飛來，湯普金斯先生嚇了一大跳。他們千鈞一髮地擦身而過。

「救命啊！」湯普金斯先生大叫。他轉頭問同伴：「你看到了嗎？剛剛真是太危險了！**他們**是誰？」

「你**應該**是新來的吧？」對方嘲笑他，「是正子呀！不然還會有誰？」

接下來一直重複一樣的過程：連續好幾次的加速推力，間接穿插著聚焦的力量；隨著粒子帶有的能量愈來愈高，轉向磁鐵的磁場也愈變愈強。當然，每隔一段固定時間，就會出現一群反向繞行軌道的正子飛越他們身旁。

事實上，現在情況愈來愈醜惡了。每次正子經過時，都會高聲辱罵他們。「等著吧！我們一定會逮到你們！」他們罵道。

「是嗎？你們自己有這本事嗎？」湯普金斯先生旁邊的電子回敬道。電子和正子似乎都愈來愈想要先發制人，情緒也愈見高漲。

但湯普金斯先生已經不在乎了。因為在加速器裡一圈又一圈地打轉後，他的暈眩和反胃也變得更加嚴重。不過突然他的注意力又回到同伴身上，因為身邊電子對他提出警告：「挺住，盡全力吧，就看這

次了。祝你好運！你絕對需要好運。」

　　湯普金斯先生正想開口問他指的是什麼，但沒有必要：眼前出現了正子迎面飛來，而且這次大家是正面衝突。湯普金斯先生看到旁邊有許多正子與電子激烈地彼此碰撞，每對電子與正子撞擊後，都出現了往四面八方飛散的新粒子。撞擊產生的某些新粒子很快又分裂成其他粒子。最後這些碎片飛越加速器管壁，從湯普金斯先生的眼前消失無蹤。

　　一片寂靜，一切都結束了。正子不見了，只剩下電子。湯普金斯先生轉頭張望周遭，發現雖然剛才的撞擊很嚴重，但大多數電子都跟他一樣毫髮無傷。

　　「天呀，剛剛真是幸運，」湯普金斯先生安心地嘆了口氣，「真高興一切都結束了。」

　　他的同伴輕蔑地瞪了他一眼。「真不可思議，」電子說，「你真的**什麼都不懂**吧？」

　　他的話聲才落，正子又回來了！駭人的情景再度上演，接著是第三次、第四次，就這樣接連不斷；每段寂靜的片刻後都接續著慘烈撞擊。慢慢地，湯普金斯先生發現所有撞擊都是在圓管的相同位置發生。「那些位置一定安裝了偵測器。」他推測道。

　　就在某次電子束與正子束相撞時，湯普金斯先生最害怕的情況發生了。他遇上了當頭痛擊！湯普金斯先生毫無預警地遭到撞擊，往外飛去。他直接飛越了加速器的管壁，一如他剛剛預料的，飛越管壁後就遇上了偵測器。他只能依稀記得接下來發生的事：他猛然偏向一側，大量火花飛落，出現閃光，接著他一路撞過了許多金屬片，最後終於停在其中一個金屬片裡。他不記得自己到底是如何掙脫金屬片的，因為他已經頭暈目眩了。但總之他想辦法辦到了，這時他發現自

己又回到實驗室，身邊則是一群跟他一樣從偵測器裡跑出的粒子。

　　他躺在地上，瞪著天花板，試著讓頭腦恢復清醒。這時出現一個羞怯的聲音問道：「你在找我嗎？」

　　一開始湯普金斯先生還沒發現對方是在跟自己說話。不過當那個迷人聲音又再問了一次時，湯普金斯先生終於掙扎著坐起身。

　　「請問剛剛是誰？」湯普金斯先生問，東張西望地環顧四周。

　　原來是其中一個粒子在問他，這個粒子看來非常特別，充滿異國風情。

　　「我想不是吧。」湯普金斯先生嘟噥著說。

　　「你確定嗎？」她堅持道。

　　「很確定。」

　　他們的對話出現氣氛詭異的停滯。「真可惜，我可以當伴的，因為我只有一個人。至少看看我的標籤吧。」粒子悶悶不樂地說道。

　　湯普金斯先生嘆了口氣，認命照著她的話做。他唸道：「自旋為二分之三，B 等於一，帶負電，s 等於負三，質量1672 MeV/c^2。」

　　「現在呢？」粒子充滿期望地問道。

　　「現在怎麼樣？」湯普金斯先生回答，他搞不懂對方在盤算什麼。但這時候他恍然大悟。「老天，你是……你是 Ω^- 粒子！福爾摩斯就是派我來找你的！我差點忘記了。我的天呀，我找到缺少的 Ω^- 粒子了！」

　　湯普金斯先生興奮地拿起粒子，衝回福爾摩斯身邊給他看戰利品。

　　「太好了！」福爾摩斯開心地說，「跟我想的一樣。把它放到正確位置吧。」

　　湯普金斯先生把粒子放到地上，完成了三角形的十重態。福爾摩

斯點燃他最愛的黑色陶製菸斗，坐回椅上，心滿意足地吞雲吐霧。

「最基本的，親愛的華生，這是最基本的。」福爾摩斯宣稱道。

湯普金斯先生端詳著眼前六角形的八重態與三角形的十重態，過了一陣子，他才發現福爾摩斯的濃烈菸草傳來的煙霧有多刺激。菸草的煙霧包圍了湯普金斯先生全身，他覺得非常難過，所以決定離開。

湯普金斯先生隨意亂逛，既然沒事做，他決定繞偵測器一圈，參觀一下。當他走到偵測器的另一面時，赫然看到一個熟悉身影彎著腰在工作檯上做事，湯普金斯先生非常開心，因為是之前那位木匠！

「你在這裡做什麼？」湯普金斯先生問道。

木匠抬起頭來，他認出眼前訪客是誰後，臉上露出微笑。「原來是你呀！真高興又見到你。」

他們彼此握手問好。

「看來你還是忙著上漆呢。」湯普金斯先生表示。

「對，不過跟上次見面時已經不同了，」木匠說，「現在是新工作，我再也不是漆質子與中子了。現在我漆的是**夸克**！」

「夸克！」湯普金斯先生驚訝地說。

「沒錯。這是組成核子物質的最終成分，也就是構成質子與中子的物質。」

木匠環顧四周，作勢要他的朋友靠近一點。「我不小心聽到了你跟那位大嘴巴的對話，」木匠神祕兮兮地低聲說，「最基本的，親愛的華生，這是最基本的。」木匠嘲弄地重複福爾摩斯的話。「聽我說，那個人根本不知道自己在講什麼。基本？算了吧。他那邊的粒子根本不是最基本的。記住我的話：夸克才是最基本的！」

「那你現在到底在做什麼？」湯普金斯先生問。「我在幫夸克上色，」木匠回答，「當新粒子從加速器裡跑出來時，我就漆上夸克的

顏色。」

　　木匠一手拿起一枝纖細的畫筆，另一手則拿起一把鑷子，他說道：「這是很繁瑣的工作。夸克太小了。看，這是介子，看到裡面的夸克嗎？有一個夸克和一個反夸克。我要這樣拿穩夸克。」木匠將鑷子伸進介子中間，夾住夸克。「夸克是不能拿出來的，它們黏得太緊了。不過沒關係，就算夸克在介子裡，我也可以完美地塗上顏色。夸克要塗成紅的，像這個一樣。然後再拿另一枝筆把反夸克塗成青色。」

　　「這是你用來塗質子與中子的顏色。」湯普金斯先生想起來之前的事。

　　「沒錯，這種顏色組合可讓整個介子呈白色。不過我也可以用其他互補色的組合，例如藍色加黃色，或綠色與洋紅色（或紫色）。」木匠邊說邊指向工作檯上的其他顏料罐。

　　「重子是由三個夸克組成的，例如這顆質子就是重子。重子內的每顆夸克則用不同的原色上色，也就是紅、藍、綠三原色。這樣也會呈現白色；想要顯現白色的話，你可以用互補色，也可以混合三原色。」

　　湯普金斯先生想起以前遇見的那位神父。他覺得庖利神父應該會贊同介子的存在，因為介子是異性結合，但不知道他對三種相同粒子的結合會做何反應？

　　木匠繼續嚴肅表示：「希望你了解這是相當緊要的工作。宇宙的架構都要靠我現在的工作。我把質子與電子塗上顏色只是為了美觀，這樣在一般物理書的圖表裡會比較容易分辨。但是現在幫夸克上色就是來真的了，這也是**物理學家**本身指稱夸克的方式。如此可以解釋為什麼夸克必須黏在一起，而不能獨立分離；因為粒子必須是白色的，

例如旁邊那箱我剛塗好的質子與中子。那些已經可以送出去了。然而單獨的夸克則是有顏色的，所以必須永遠與色彩相配的其他夸克連結在一起。我這樣應該說得很清楚了吧。」

湯普金斯先生覺得之前在小手冊裡看到的某些資訊，現在似乎都說得過去了。可是他還是不懂為什麼粒子必須是白色的。他走到裝核子的盒子旁，打開蓋子。核子的白色過於刺眼，讓湯普金斯先生一陣眼花，他用手遮住眼……

「他好像終於醒了，」這是慕德的聲音。「拜託把燈拿開！不然太刺眼了。親愛的，親愛的，你還好嗎？謝天謝地，我們好擔心呀。你撞得好嚴重，感覺還好嗎？」

「是正子，」湯普金斯先生喃喃說道：「是正子撞到我。」

「正子撞到他？」某個聲音問道：「我沒聽錯吧？」

「是腦震盪，」另一個人表示：「他腦震盪了，所以搞不清楚狀況。我們得立刻送他去急診室，讓他休息一下，而且他前額上的傷口也需要縫合。」

第十六章
教授的最後一場演講

各位女士、先生，晚安：

一九六二年，蓋爾曼與奈曼分別發現可根據 SU(3) 群的型態，將粒子歸類為不同族群。

他們發現的型態結構並不完整，其中還是存在空隙。這種情況很像門德列夫當年彙整元素周期表時遇上的問題。門德列夫當時也發現元素行為的模式會重複，因此他在周期表上留下空間，用來容納當時尚未發現的元素。門德列夫觀察周期表空格旁的元素性質後，推測出那些未知元素的確存在，而且連未知元素的性質都預測出來了。這段歷史在蓋爾曼與奈曼的發現裡再度重演，他們根據三角形十重態裡的空格，推測出 Ω⁻ 的存在以及其性質。到一九六三年，科學家完成了發現 Ω⁻ 的傑出成就，這也讓科學界相信 SU(3) 群的確是對稱的。

門德列夫的周期表歸結出每種元素間的關係，提示了元素的內部結構情況，科學家認為元素是擁有共通特性的不同變異物質。後來原子結構的理論證實了這項概念，所有原子的內部結構，都是由一個中心原子核與圍繞四周的電子所組成的。

一九六四年，蓋爾曼與史懷格提出主張，他們認為粒子間的相似性與族群模式，似乎反映了某種內部結構。他們認為，當時大家以為最「基本」的兩百多種粒子，其實都是由更基本的成分所構成。這些成分稱為「夸克」。目前我們相信夸克的確是最基本的粒子，夸克像一個點，並沒有由「次夸克」組成的內部結構。但真的是如此嗎？或

許未來又會再度證明我們錯了！

最早的夸克理論主張有三種夸克，稱之為夸克的「**味道**」，分別是上夸克、下夸克與奇異夸克。前兩種夸克的名稱是根據同位旋的方向命名。奇異夸克的名稱則是因為它帶有新發現的物質特性，也就是奇異數。不過在一九七〇年代，科學家發現粒子帶有另外兩種性質（魅夸克與底夸克）；到一九九〇年代，又發現另一種性質（頂夸克）；這些新發現的性質是夸克的另外三種味道，都代表了不同性質。各位可從**表一**看到總共六種夸克的性質。

除了六種夸克外，還有六種反夸克，反夸克擁有的特性數值與**表一**正好相反。例如s的反夸克s̄就擁有Q等於正三分之一、B等於負三分之一、s等於正一的性質。

表一：夸克性質

	Q	B	s	c	b	t
d	$-\frac{1}{3}$	$\frac{1}{3}$	0	0	0	0
u	$\frac{2}{3}$	$\frac{1}{3}$	0	0	0	0
s	$-\frac{1}{3}$	$\frac{1}{3}$	-1	0	0	0
c	$\frac{2}{3}$	$\frac{1}{3}$	0	0	0	0
b	$-\frac{1}{3}$	$\frac{1}{3}$	0	0	-1	0
t	$\frac{2}{3}$	$\frac{1}{3}$	0	0	0	1

Q為電荷，B為重子數，s為奇異數，c為魅數，b為底數，t為頂數，d、u、s、c、b、t 分別代表六種夸克。

根據這些夸克與反夸克的性質，我們可以合成所有高能撞擊反應產生的新粒子。例如重子是由三個夸克組成：（q,q,q）；所以質子是

（u,u,d）組合，中子則是（u,d,d），Λ^0是（u,d,s）。各位可用**表一**對照，這些組合最後得到的數值都會等於粒子本身擁有的性質（例如質子是 B 等於正一，Q 等於正一）。

反重子則由三個反夸克組成：（$\bar{q},\bar{q},\bar{q}$）。因此重子與反重子擁有的性質會完全相反。

那像 π 介子等介子又是如何呢？介子是由一個夸克與一個反夸克組成的：（$q,\bar{q}$）。因此如 π^+ 就是由（$u,\bar{d}$）組成。跟剛才一樣，這組合正好呈現了 π 介子的整體特性：B 為零，Q 等於正一。

我必須指出，並非**所有**粒子皆由夸克組成，只有重子與介子是由夸克組成的。我們將夸克組成的粒子統稱為**「強子」**，其英文名稱含有希臘文的「強」意。強子會受到強核力影響；但其他類的粒子，例如電子、緲子與微中子等等，都不會受到強核力影響，這些粒子統稱為**「輕子」**。其實「重子」與「介子」的名稱或許不算正確，因為這兩個名稱是根據粒子的質量而定下的。但是，現在發現有一種「濤子」的質量是質子的兩倍重，這很難說是「輕」的粒子了吧！因此以強子（粒子間有強烈交互作用）或輕子（不受強核力影響）來分辨粒子會比較好一些。

目前為止，我們討論的都是位於強子內部的夸克。那麼有沒有自由的夸克呢？單一夸克帶的電荷數為三分之一或三分之二，應該很容易發現才對吧？

雖然科學家費盡心思嘗試，但卻從未發現自由的夸克。即使以最高能量進行撞擊反應，也不會散射出個別的夸克。這得好好解釋一下。

有一段時間，科學家認為那是因為實際上夸克並不存在；夸克只是數學的數值而已，一種有用的虛構物質。從粒子的行為來看，**似乎**

粒子是由夸克組成，但其實並不存在真正的夸克。

但後來出現了一個決定性的驗證，證明夸克實際上是存在的。這又是一次歷史重演。請大家回想一下一九一一年時，拉塞福對著原子發射粒子（阿爾法粒子），發現某些阿爾法粒子會以大角度反彈，因此證明了原子核的存在。阿爾法粒子會反彈，是因為撞擊到某個高密度的微小目標體（原子核）。到了一九六八年，科技進步到可讓科學家將帶有高能量的電子發射到質子**內部**。多次實驗後，證據顯示電子偶爾會受到某種側向力排擠，也就是這些電子受到質子內部某種微小集中的電荷作用力影響而反彈。這證明了夸克的確存在。而且科學家根據電子大角度散射的頻率，計算出了質子內部有三個夸克。

可是若夸克確實存在，為什麼不會單獨出現呢？還有一個問題要解決，那就是為什麼我們只能獲得（$q,\bar{q}$）與（q,q,q）的組合？為何不會出現（$q,\bar{q},q$）或（q,q,q,q）之類呢？為了說明這些問題，我們必須研究夸克間的作用力性質。

首先讓我們想想氫原子內質子與電子相互吸引的力量；因為質子與電子各自帶電，因此兩者間出現靜電力的吸引力。以此類推，我們也必須引入一種「荷」給夸克。我們假設夸克除了帶電荷之外，還帶有這種新的「荷」，因為這些「荷」間發生相互作用，所以才出現強核力。我們稱這種「荷」為**「色荷」**，理由稍後將會說明。

就像相反電荷會彼此吸引一樣，相反的色荷也會彼此吸引，只是作用力更強。我們假設夸克帶正色荷，反夸克帶負色荷。這樣即符合之前曾觀察到的介子組成（$q,\bar{q}$）。接著也跟電荷作用力一樣，我們假設帶同色荷的夸克彼此相斥，如此即可解釋為何（$q,\bar{q},q$）不存在了。當第二個電子靠近氫原子時，電子雖然會受到氫原子內質子的吸引，但與原子內部電子間卻產生互斥，因而抵銷吸引力，所以第二個

電子無法連結到氫原子上；同樣地，第二個夸克因為受到另一個夸克的排斥力影響，所以也無法連結到介子上。

　　或許大家會問，既然如此，為何卻出現了（q,q,q）的組合呢？這時我們必須了解電荷與色荷間的**差異**。電荷只有一種（正或負），色荷卻有**三種**（每種都可以為正或為負）。我們稱色荷為「紅」、「綠」、「藍」，分別以 r、g、b 代表，命名的原因稍後將加以解釋（我必須先強調一點，這種命名方式跟實際顏色無關）。既然有三種色荷，那問題來了：帶不同類色荷的夸克間，會出現何種交互作用呢？例如帶紅色的 q_r 與帶藍色的 q_b 間有何種作用力？答案是這兩者會彼此相吸。當三個夸克各帶不同顏色，形成（q_r,q_g,q_b）組合的時候，每個夸克都會受到另外兩者吸引，這時三者間的吸引力特別強烈又穩定，因此形成了重子。

　　那為什麼不會出現（q,q,q,q）組合呢？這是因為色荷只有三種，所以第四個夸克帶的色荷，一定會跟重子內原有的某一夸克重複，所以就會受到相同色荷的夸克排斥。這股排斥力剛好抵銷了帶不同色荷的夸克對第四個夸克造成的吸引力，所以第四個夸克就無法連結上去了。

　　現在，我們可以開始解釋為何要稱之為「色」荷了。就像正常的原子呈電中性，夸克的組合也可說是色中性，或者說呈「白色」。要將色彩混合為白色有兩種方法，一種是將色彩與其互補色混合，另一種則是將三原色混合在一起。這兩種規則都可將色荷組合為中性的介子或重子。

　　總結來說，夸克帶的 r、b 或 g 皆為正值，反夸克的則是負值（互補數）的 $\bar{r}$、$\bar{b}$ 或 $\bar{g}$。一樣地，同荷會相斥，因此 r 與 r 相斥，$\bar{g}$ 與 $\bar{g}$ 相斥；異荷則會相吸，例如 r 與 $\bar{r}$ 就會相吸。最後，不同類型的荷也會

彼此相吸。

　　還有一個尚未解決的問題，就是為何沒有單獨的夸克？為了解決這問題，我們必須更深入了解色作用力及一般作用力的性質。

　　量子物理中的交互作用都是離散的，並非連續不斷的；因此我們認為**所有**力從某粒子傳遞到另一粒子時的過程，都需要經由中介的第三粒子交換。簡單來說，粒子１朝著粒子２發射出中介粒子，這時粒子１會受到後作用力影響，跟來福槍射出子彈後朝反方向反彈一樣。粒子２接到中介粒子後，會吸收中介力子的動量，因此而遠離粒子１。交換作用的最終結果，是兩個粒子皆受力遠離對方。當中介力子反彈回來後，前述過程又會重複一次，因此再度使粒子彼此遠離。最後的淨效應就是兩個粒子彼此互斥，即粒子會受到相斥力影響。

　　吸引力又是如何呢？基本上，吸引力的作用機制跟相斥力是相同的，若也要來個比喻的話，吸引力比較像粒子丟擲回力棒，而不是發射子彈！粒子１朝著與粒子２**相反**的方向發射中介粒子，於是受到後作用力影響而**往粒子２靠近**；隨後粒子２接收到從相反方向飛來的中介粒子，因此也受力往粒子１靠近。

　　兩個電荷間出現電力作用時，中介粒子是光子。由於兩個電荷一再交換光子，因此會出現互斥或互吸的作用。

　　這讓我們想到一件事，是否因為夸克也會交換某種中介粒子，所以才產生了強核力？答案是肯定的，強子裡的夸克可連結在一起，是因為它們交換「**膠子**」這種粒子（我想應該不用解釋**這個**名稱的由來吧）！膠子共有八種不同類型。夸克交換膠子時，依然保有原來非整數的電荷與重子數，但夸克可以交換色荷。第一個夸克放射膠子後，膠子也把色荷帶走。可是因為夸克不能沒有顏色，所以在損失原本色荷的那一瞬間，第二個夸克的色荷就會進入第一個夸克裡。膠子抵達

第二個夸克時，會消除第二個夸克原本的色荷，將帶來的第一個夸克色荷轉移到第二個夸克上。最後兩個夸克就互換色荷了。

　　為了完成轉換過程，膠子必須同時帶有色荷與互補色荷。例如膠子$G_{r\bar{b}}$帶有色荷r與$\bar{b}$，它可參與以下轉換反應：

$$u_r \rightarrow u_b + G_{r\bar{b}} \quad 接著發生 \quad G_{r\bar{b}} + d_b \rightarrow d_r$$

這反應裡有三種色荷與三種互補色荷，所以色荷與互補色荷會出現三乘三等於九種不同的可能組合。這些可能組合分為一個八重態與一個單重態（請回想一下之前分配介子到 SU(3) 群時出現的八重態與單重態）。膠子的單重態包含了$r\bar{r}$、$b\bar{b}$與$g\bar{g}$。因為它呈色中性，所以不會與夸克發生反應，因此可以忽略不記。這樣就剩下八重態的八種膠子而已了。

　　膠子與光子一樣都沒有質量。但膠子有一點與光子不同，光子本身不帶電，然而膠子本身卻帶有色荷，我們剛剛也提過這一點。因此膠子不但會與夸克互相作用，**膠子之間**也會彼此作用。所以，膠子傳遞的力擁有截然不同的性質。當電荷間距離愈遠時，電力也愈弱（降低的程度與距離平方成反比）；但是色作用力的大小無論相距多遠都維持不變（除非色荷非常接近，讓色作用力像是幾乎不存在一樣；就像橡皮筋兩端很靠近時，橡皮筋也會變得鬆垮垮的）。因此夸克離得很近時，之間的作用力會非常微小。但當拉開距離後，夸克間的作用力則會維持定值。

　　了解這一點後，讓我們回到之前的問題：為何未曾發現單獨的夸克？假設我們試圖分離兩個夸克。因為夸克間存在的作用力不變，所以拉開夸克時的力量也須逐漸加大。最後你為了對抗繫住兩個夸克的

吸引力，因此施加的力量高到足以創造出一對夸克與反夸克。結果，牽引力斷裂的同時也創造出一對新夸克。新產生的反夸克會與逃脫的夸克一起飛出去，形成一個介子；而新生夸克則會留在強子裡，取代原有夸克的位置。這種情況就像想分離磁鐵棒的南極與北極一樣，最後你只會把磁鐵棒拉斷成兩截，分別產生新的北極與南極，結果變成兩支磁鐵棒；跟你原本想獲得單獨磁極的目標還差得遠了。同樣道理，拉斷夸克間的牽引力也無法獲得單獨的夸克。

我已經提過質子與中子都呈色中性，不過它們之間有另一種吸引力。這股吸引力可對抗原子核內帶正電質子間的靜電斥力，也是讓原子核牢牢黏在一起的功臣。為了了解核子間為何會出現這股強大吸引力，讓我們先回想一下為何不帶電的原子卻能組成分子。在分子內的原子電子會重新排列組合，讓自己可稍微受到其他原子的原子核吸引，這就是「凡得瓦力」。這股額外的外力連結了分子內的各個原子。同樣地，核子裡的夸克也可重新排列，產生一股外力，足以吸引鄰近核子內的夸克，就算核子的色荷皆為零也一樣。因此，核子間的強核力其實是「漏出來」的作用力，來自夸克間更基本的膠子作用力。

這股強核力（或膠子力）也是自然界中的一種力量。重力、電力、磁力等等都是長程力，因此我們可輕鬆觀察到這些作用力的宏觀效果，例如行星軌道與無線電波發射就是兩個明顯的例子。然而強核力卻是短程力，作用距離只有 10^{-15} 公尺，符合核子的大小。因為強核力是短程力，所以想發現它也更加困難。

現在我想要介紹另一種力量——「弱核力」。以弱核力的力道來說，其實一點都不「弱」於電力與磁力；之所以說它「弱」，是因為弱核力的作用範圍比強核力還短，只有 10^{-17} 公尺而已。雖然距離有

限，不過弱核力卻扮演很重要的角色。例如有一種連鎖核反應是氫（H）釋放能量後變成氦（He）。最初的幾項連鎖反應就是因弱交互作用而發生的：

$$p+p \rightarrow {}^2H+e^++v_e$$
$${}^2H+p \rightarrow {}^3He+\gamma$$
$${}^3He+{}^3He \rightarrow {}^4He+p+p$$

反應式中的γ是一種高能量光子，稱為伽瑪射線，${}^2H$是氘核子，由一個質子與中子組成，v_e則是微中子。

弱核力也會造成自由核子衰變：

$$n \rightarrow p+e^-+\overline{v}_e$$

$\overline{v}_e$是反微中子。

各位可能會想，這些「力」跟粒子相互變換有什麼關係呢？或許我該說明一下，**每當**粒子對彼此造成影響時，無論影響方式為何，物理學家都會說這是因為出現「力」或「交互作用」。這概念不只可套用在運動的改變上（我們提到力作用時最常想到的就是運動），當粒子的一致性改變時，也適用這概念。

之前我曾提過，電子與微中子都不受強核力影響，它們跟強子不一樣。這是因為電子與微中子不帶色荷。微中子甚至也不受到電力影響，因為它不帶電。但微中子還是會與其他粒子產生交互作用，顯然這下我們又得研究另一種交互作用了，那就是弱核力。

e 與 v_e 都是「電子類輕子」，它們帶有「電子類」的輕子數正

一。這些粒子都有自己的反粒子，分別為 e^+ 與 $\overline{v_e}$，反粒子也帶有電子類的輕子數負一。交互作用中，輕子的量子數是守恆的，就像強子的重子數也會守恆一樣；大家可以回頭算算前面的反應式。因為輕子數相同，所以 e 與 $\overline{v_e}$ 在弱核力上也沒有差異。

　　為什麼我們要說「**電子類**」輕子呢？因為還有其他種類的輕子。例如有緲子 μ 與緲子類微中子 v_μ；濤子 τ 與濤子類微中子 v_τ。這些粒子都分別有不同種類的輕子數，在反應時也都必須守恆。因此我們認為輕子形成了三種雙重態。

　　夸克也有雙重態。之前我們曾說過質子與中子形成一種同位旋的雙重態（同一種核子粒子卻帶不同電荷），因此 u 夸克與 d 夸克（形成質子與中子的夸克）也是雙重態。其餘夸克也一樣：s 與 c 形成雙重態，t 與 b 形成雙重態。

　　其實夸克的同位旋雙重態與輕子「弱同位旋」雙重態間是有關聯的。這兩者共有三代，請大家參考**表二**。

　　弱核力交互作用與強核力交互作用一樣，其中的電荷、重子數、輕子數等特質都會守恆。但是與強核力交互作用不同的一點，是弱核力交互作用的夸克味道**毋須**守恆。例如中子（u,d,d）衰變為質子（u,u,d）是因為 d 夸克改變味道，變成較輕的 u 夸克，多餘的能量則在衰變時放射出去了。帶有頂夸克、底夸克、魅夸克與奇異夸克的強子也會出現相同情況。在高能量碰撞反應製造出強子後，強子的 t、b、c 或 s 夸克就會轉變為較輕的不同味道夸克。例如奇異粒子 Λ^0（s,u,d）的衰變：

$$\Lambda^0 \rightarrow p + \pi^-$$

其中 s 夸克變為 u 夸克。這也是我們無法累積新生粒子的原因；因為在創造出新粒子的那一瞬間，新粒子會急速衰變回最輕的粒子。這也是為何構成世界萬物的物質，幾乎皆是由兩個最輕夸克加上電子所組成。

　　若想更加了解弱核力，我們得回頭看看之前提過的概念。我一開始提到自然界各種不同的力時，是將電力與磁力分成兩種力；最早大家對電力與磁力的看法正是如此，大家都將它們視為兩種不同的力。直到一八六〇年代，聰明的麥克斯威爾將所有已知的電力與磁力現象含括在一起，認為這些全都是單一一種力量，也就是**電磁力**。

表二：夸克與輕子雙重態的各代

代	第一代	第二代	第三代	電荷
夸克	u	c	t	$\frac{2}{3}$
	d	s	b	$-\frac{1}{3}$
輕子	e^-	μ^-	τ^-	-1
	ν_e	ν_μ	ν_τ	0

　　不過，科學家們將各種力整合為同一種力的努力，並未在此畫下句點。溫伯格與薩萊姆根據之前格拉肖的研究，分別在一九六七年與一九六八年歸納出一項重要理論，認為電磁力與弱核力其實是同一種力的不同表徵，這一種力名為「**電弱力**」。

　　為了讓這項理論合理，因此弱核力應該與之前討論的力一樣，都是透過某種交換粒子的過程來傳遞的。電弱力理論推測交換的粒子應有三種：W^+、W^-、Z^0；此時這三種粒子都還是未知的粒子。

　　一九八三年，科學家有了傑出發現，他們找到這三種粒子，成功證明了前述理論。這三種粒子與其他新發現的粒子一樣不穩定，會發生衰變，例如下列反應：

$$W^- \to e^- + \overline{v}_e \quad \text{或} \quad Z^0 \to v_e + \overline{v}_e$$

　　Z^0 的衰變過程特別有意思。Z^0 不但可衰變為（$v_e + \overline{v}_e$），也可衰變為（$v_\mu + \overline{v}_\mu$）、（$v_\tau + \overline{v}_\tau$），或是除了這三種已知組合外的任一種微中子加反微中子。若 Z^0 獲得的衰變通道愈多，其衰變的速度就愈快。所以 Z^0 的壽命長短可作為一種靈敏的估計方法，用來推測微中子加反微中子的組合到底有幾種。從我們測量到的 Z^0 壽命時間，可看出只存在三種微中子，也就是已經發現的那三種。所以，輕子雙重態也只有三種。

　　此外，因為輕子雙重態與夸克雙重態一起構成了三代，因此夸克雙重態只有三種的可能性也很高。換句話說，夸克味道的數量只會有六種，這是很重要的一點，因為夸克有一種特性讓人很頭痛，那就是我們每次發現新種類的夸克時，新夸克的質量都比之前的夸克更重：u（5MeV）、d（10MeV）、s（180MeV）、c（1.6GeV）、b（4.5GeV）、t（180GeV）。夸克愈重，代表容納這些夸克的強子也愈重。強子愈重，就愈難製造出來。因此科學家開始擔心是否有味道是我們永遠無法發現的，畢竟現實條件限制了我們的資源，我們可能無力製造出這些味道（若我們建造的同步加速器愈來愈大，高能量物理預算遲早會把整個地球的國民生產毛額都用光）！不過幸好 Z^0 的出現解決了這問題。現在我們有充分理由相信夸克味道只有已知的這六種。

因此基本粒子的組成清單如下：

（i）　六種夸克與六種輕子
（ii）　十二種中介粒子，包括八種膠子、光子、$W^{\pm}$、與 Z^0

於是我們來到了粒子物理的「**標準模型**」，標準模型理論囊括了所有之前討論的自然界物質成分，以及成分之間的各種作用力。這是最高的成就，歷代科學家至今完成的所有實驗，全都符合標準模型理論。

那麼未來又如何呢？

科學家們的一個重要研究方向，就是要統一所有的力。電力與磁力曾經合併為電磁力，後來電磁力又與弱核力合併為一體；或許未來某天，電弱力和強核力將可歸納為同一種交互作用的不同型態。科學家已經發現若能量愈高，強核力與弱核力的力量會逐漸減弱，但電磁力卻會隨之漸增；這些力量似乎會互相轉換。根據目前科學家較贊同的理論，當能量高達 10^{15}GeV 時，前述所有力量的強度都會變得差不多。假若實驗證明真是如此，這時我們面對的就是單一一種的「**大一統作用力**」了（很抱歉，這名稱聽來似乎太誇張，但科學家真的是這樣稱呼的）！

然而有一個問題，我們永遠無法在實驗室中製造出 10^{15}GeV 的能量（這種同步加速器太大了）。目前我們能製造出的能量極限為 10^3GeV。不過也是有其他辦法。雖然我們無法達到那麼高能量的狀態，不過利用一般大小的能量，應該可證實某些殘餘效應。

例如，科學家提出的某項假設反應，可讓質子在長時間後發生衰變，只要透過以下模式：

$$p \rightarrow e^+ + \pi^0$$

科學家一直在研究質子內是否存在這種不穩定的跡象，然而至今卻都沒有發現。不過，我們認為探索大一統理論時，質子衰變是一種毋須製造超高能環境即可驗證的方法。

只是我也必須指出，雖然我們無法在實驗室中達到高能量狀態，但也實際出現過如此高能量的環境。那就是在宇宙大霹靂發生後那一瞬間的宇宙。那時宇宙是由高密度的基本粒子混合組成，這些基本粒子任意移動，彼此碰撞。當時宇宙溫度極高，所以粒子碰撞時的能量也非常高，高到跟我們剛剛說的能量一樣大。

所以，在宇宙形成的初期（這裡的「初期」約為10^{-32}秒！），宇宙溫度為10^{27}K，粒子能量則為10^{15}GeV；那時的強核力、電磁力與弱核力都一樣大。隨著宇宙擴張，溫度逐漸下降，粒子碰撞時的能量減少，要製造出較重的粒子也變得更加困難。於是，不同力量開始顯現出自己獨有的性質。我們稱這段過程為「自發失稱」。

讓我打個比方好了。當水的溫度冷卻到低於冰點溫度時，就會開始發生相態轉變，水會結晶變成冰。水處於液態時，所有方向都是一樣的，但結晶卻有清楚定義的結晶軸存在。也就是說，水在結晶時必須在空間中「挑出」某些方向，當成結晶軸的方向。可是這些方向本身並沒有特殊涵義，全都是隨意亂選的。當第二個結晶在水裡另一處出現時，第二個結晶軸的方向幾乎一定與第一個結晶軸不同。所以，雖然結晶軸是結晶現象的一個明顯特徵，但結晶軸的方向卻毫無重大涵義可言。從最基本的層面來看，所有方向都是一樣的，但是這概念卻變得不明顯了；其實結晶軸都是完全點對稱的。也就是說，水原本

存在的對稱性質受到隨意地破壞，或者說是「自發」破壞，掩蓋住原本的對稱性質了。

力的情況也是一樣。當交互作用的眾多粒子降溫時，一樣也會經歷某種「相態轉變」。強核力、弱核力、電弱力等等力量的不同特性，在降溫後變得非常顯著；所以在我們一般接觸的低能量環境裡，每種力之間都顯現了差異，在我們眼裡也變得大相逕庭。不過就像我剛才說的，各種力的差異其實並無涵義；我們不能因此忽視了深藏其中的共通對稱性質，也就是大一統的力。

可惜我的演講時間快結束了，其實我還有很多概念可以介紹。例如我還沒有提到為何基本粒子會擁有自己的質量。另外還有一個很有趣的主題是**「磁單極」**。大家都知道，我們無法靠折斷磁鐵來創造磁單極。但這不代表用其他方法也辦不到。狄拉克最早提出了這個可能性，不過現在大一統理論也預測能創造出磁單極。

而若想拓展標準模型的範疇，有一項名為**「超對稱」**的理論很有可能辦到。超對稱討論的問題，是遭到交換的中介粒子（如膠子、光子、Ws、Zs 等等）與進行交換的粒子（夸克與輕子）之間存在的差異，是否真如我們描述的那麼清楚明顯。

最後還有**「超弦」**。這理論認為夸克與輕子這些基本粒子，雖然似乎是一個點，但其實它們不是點，而是微小的「弦」。據說它們非常微小，長度還不到10^{-34}公尺；最重要的是，夸克與輕子並非如我們認為只是一個點而已。

希望大家了解，最後所提到的這些主題都已經進入推論的領域了。或許在未來某個適當時機裡，這些推測可能會獲得科學界接受，跟現在的標準模型一樣，成為獲得驗證的理論，但是否會發生呢？誰也說不準。我們只能等著瞧了。

第十七章
終曲

　　這天晴朗炎熱，正適合坐在花園裡休息。但隨著黃昏漸近，天色也漸漸轉暗，湯普金斯先生放下自己在看的書。

　　「妳在做什麼？我可以看嗎？」他問慕德，坐在他身邊的慕德正在速寫。

　　「我說過好多次了，我不喜歡給人家看未完成的作品啦。」她回答。

　　「光線這麼暗，妳會把眼睛累壞的。」湯普金斯先生提醒她。

　　她抬頭看他。「既然你這麼想知道的話，其實我在構想做雕塑的點子。」

　　「什麼雕塑？」

　　「實驗室要的雕塑。」

　　「什麼實驗室？妳**到底**在說什麼呀？」

　　「就是我們去的實驗室……」她停了下來，「天呀，我忘記跟你說了，對不起。護士在幫你包紮傷口的時候，我在外面跟實驗室的公關主任李奇特先生聊天。反正就是打發時間，等你出來。我開玩笑說他需要在訪客中心外的前院放一個雕塑品。結果他說自己也常有同感。於是我告訴他有關我作品的事，他似乎對噴槍火燒的部分特別感興趣。他覺得那種表現方式或許可跟高溫、高能量、激烈撞擊之類的扯上關係。再說雕塑必須象徵實驗室裡的研究工作，所以老派的那種雕塑就派不上用場了。」

「所以妳已經接受委託了嗎？」湯普金斯先生興奮地問。

「拜託，還沒有呢，」慕德微笑回答，「不是那樣的。我必須先起草底稿，想出概念，做出一份估價。實驗室也可能會找別人。我們只能等結果。李奇特先生知道我喜歡物理後，覺得非常有趣。他認為那可以幫我想出跟物理有關的點子。當然，他也認識我爸，或許**那**也幫得上忙。」慕德笑著說。

慕德把素描本放到一旁，他們抬頭眺望夜空裡剛升起的星星。

「妳曾經想過自己放棄物理的選擇到底對不對嗎？」湯普金斯先生問。

慕德想了一下，回答：「上次那種實驗室之旅確實會讓我想到這問題，看到那些尖端科技之類的。但是，不，我不覺得自己選擇有錯。當然若我在那種地方工作的話，也會過得很開心，畢竟實驗室的一切都很精采、迷人。但是，我不知道耶，如果得在大團隊裡工作，做那些要花五年，甚至六、七年時間進行的實驗……我想我八成沒那種耐性吧。」

「我還是無法想像加速器到底有多大，」湯普金斯先生若有所思地說，「想想真的很妙，你要觀察的東西愈小，反而得用愈大的機器。」

「我覺得有趣的是，雖然我們想檢視最小的物質，但卻必須為此研究整個宇宙。反之亦然，了解宇宙的關鍵則在於先了解宇宙最小組成成分的特性。」

「妳說的是什麼意思？」

「我說的是宇宙早期發生的自發失稱。那關係到暴漲理論，也就是為什麼宇宙密度會接近臨界值的原因。你知道的，我不是跟你說過嗎？不要跟我說你忘記了。」

「不，不是，我還記得。但我不是很懂這兩者的關係……」湯普金斯先生一臉茫然地說。

慕德繼續說：「記得我爸說過，當力的相態改變時，每種力的特性就變得顯而易見嗎？像水結成冰一樣。」

湯普金斯先生點點頭。

「當水結成冰的時候，冰的體積會變大。宇宙也一樣，當宇宙溫度下降時，相態開始改變，宇宙隨即進入急速的膨脹過程，我們稱之為『暴漲』；後來宇宙暴漲慢慢減緩，變成現在我們看到的膨脹速度。雖然暴漲的時間只有短短的10^{-32}秒，但卻是重要關鍵。幾乎所有宇宙物質都是在那段期間形成的……」

「等等，」湯普金斯先生打斷她的話，「幾乎所有物質？我以為所有物質都是在宇宙大霹靂那一瞬間產生的。」

「不是，宇宙形成的最初只存在極少量物質而已。大部分物質都是在大霹靂發生後，又過了一段短暫時間才出現的。」

「那這些物質是怎麼產生的？」

「這個嘛，你知道當水結成冰的時候，會釋放出能量，也就是『熔解潛熱』。宇宙暴漲時的相態改變也一樣會釋放能量，這些能量就製造出物質。此外，製造物質的機制所產生的物質總量，正好是能達到臨界密度的數量。你應該知道臨界密度有多重要吧？」

「臨界密度左右了宇宙的未來，」湯普金斯先生回答，「星系遠離的速度會逐漸減緩，最後停滯不動，不過那得等到無窮遠的未來才會發生。」

「沒錯，因此若想了解宇宙物質的起源，或是了解宇宙遙遠的未來，最重要的就是要先了解基本粒子物理，也就是微觀物理。此外我們也知道，若宇宙密度逼近臨界值，那麼宇宙物質的絕大部分都必須

是暗物質。然而我們還不知道暗物質究竟是由什麼組成的。或許是因為微中子有質量;或許宇宙大霹靂後,留下了某種未知的重粒子,這些重粒子間會進行微弱的交互作用,而暗物質就是由這些粒子組成的。我們只能期盼在高能量物理的研究中,可以找到這些問題的答案。」

「我懂妳的意思了。」

「另外還有其他部分也一樣可從不同領域找到答案。我們檢視大一統能量下的基本粒子行為時,唯一能利用的方法,就是找出基本粒子在宇宙大霹靂初期究竟是什麼情況。因為宇宙大霹靂初期是史上唯一一次出現如此高能量的環境,而且也是最後一次。」

湯普金斯先生想了一會兒。

「這一切居然都可以連在一起,真是太神奇了!」他心滿意足地喃喃說道,「我在演講裡學的東西都有關係,基本粒子與宇宙學;高能量物理與相對論;基本粒子與量子理論。我們的世界真是太不可思議了!」

「你應該把宇宙學與量子物理也加進去,」慕德說,「別忘了,量子物理在微觀世界的效果最明顯,而宇宙的起點正是微觀世界。所以量子物理主導了宇宙的起點。

「就拿宇宙微波背景輻射來說吧。乍看之下,宇宙微波背景輻射在所有方向裡都是均勻分布的。但其實不然。如果宇宙微波背景輻射完全均勻分布,那代表發射輻射的物質也一樣是均勻分布。然而這是不可能的。假如物質的分布密度完全沒有一丁點不均勻,那就不可能出現中心點讓後來的星系、星系團聚集形成。事實上,宇宙物質**的確**存在不均勻性,大概比例是10^5之一吧,非常微小,不過卻很重要。因為有這些不均勻的地方,才能建立宏觀的宇宙結構,不管是星系的

星團、超星系團或星系本身，都是因此形成的。

　　「現在進入重要問題了：到底是什麼決定了最初的不均勻分布呢？因為宇宙起始時的體積極微小，因此科學家認為，宇宙一定是從量子起伏中誕生的。假如這些最微小的量子起伏模式，真的反映在整個宏觀宇宙裡的話，那一定非常有趣……」

　　慕德的聲音漸弱，因為另一張躺椅上傳來了微弱的鼾聲，她知道不必再繼續解說了。

名詞解釋

SU(3) 表現（SU(3) representation）：來自群論的一種特性，群論是數學說明對稱的一種理論。**強子**的分類與SU(3) 表現有關，我們可將較相近的粒子分類為八重態與十重態。這種對稱表現反映了強子內部的**夸克**結構。

W與Z粒子（W, Z）（W and Z particles）：在**強子**與**輕子**間傳遞**弱核力**的粒子。W粒子有帶電，Z粒子則不帶電。

X射線（X-rays）：具穿透性的**電磁輻射**，波長較短。

π 介子（pion）：最輕的**介子**。帶電的 π 介子會衰變為一個**緲子**與一個**微中子**；電中性的 π 介子則會衰變為兩個**光子**。

大一統理論（grand unification）：主張**電磁力**、**強核力**、**弱核力**可能都是同一種力量的不同型態。

不相容原則（exclusion principle）：庖利提出的原則，主張兩個**電子**無法占據相同能態。

中子（neutron）：組成**原子核**的電中性粒子，由三個**夸克**組成。

互換力（exchange forces）：**基本粒子**在交換中介粒子時，基本粒子間就會出現互換力。例如**電磁力**就是因為交換**光子**，**夸克**間的**色力**則是因為交換**膠子**。

介子（meson）：由一個**夸克**與一個反夸克組成的**強子**。

分子（molecule）：化學物質的最小單位，由數個**原子**連結組成。

分光鏡（spectroscope）：可根據組成**電磁輻射**的**波長**展現**電磁輻射**的儀器。

化學元素（chemical elements）：自然界共有九十二種自然產生的化學元素，每種元素都有自己獨有的**原子**。這些原子帶的**電子數**不同，**原子核**內的**質子數**與**中子數**也不同。

反粒子（antiparticle）：每一種粒子都存在反粒子，反粒子擁有跟粒子相同的**質量**與**自旋**，但其他如**電荷**、**重子數**、**奇異數**、**輕子數**等等性質，則與粒子帶的正負相反。

代（generation）：由兩個**夸克**與兩個**輕子**組成，共有三代：
　　(u, d, e^-, v_e)，(c, s, μ^-, v_μ)，(t, b, τ^-, v_τ)。

加速器（accelerator）：利用**電場**提高帶電粒子的機器。通常是靠磁場將粒子行進路徑彎曲成圓形。請參見**同步加速器**。

正子（positron）：電子的反粒子。

白矮星（white dwarf star）：當太陽這類恆星經過**紅巨星**階段後，恆星會褪去外部表層，露出內部的白熱核心。隨時間經過，白矮星會冷卻形成一個冰冷殘渣。

光子（photon）：光與其他**電磁輻射**的粒子或**量子**。交換光子時就會產生**電磁力**。

光速（c）（speed of light）：光（與其他無質量的粒子）行進的速度，在真空時可達每秒三十萬公里。根據狹義**相對論**，所有以等速相對運動的觀察者所看到的光速皆相同（不過當光位於重力**場**裡，或穿越物質時，光速也可能會改變）。

光電效應（photoelectric effect）：紫外線的高能量**光子**釋放**電子**撞擊金屬表面的過程。

同位旋（I_z）（isospin）：**基本粒子**帶有的一種**量子數**，與粒子帶的**電荷**有關。名稱來源是因為在數學上近似於**量子理論**的**自旋**狀態。

同步加速器（synchrotron）：一種粒子**加速器**，這種加速器內部負責加速粒子的電力與導引粒子的磁力，會進行同步調整，以吻合加速粒子不斷改變的特性。

夸克（quark）：所有**強子**的基本組成成分。共有六種種類（即六種**味道**）的夸克，兩兩分為三代。

宇宙大霹靂（Big Bang）：一般最普遍接受的宇宙起源理論；這項理論認為在約一百二十億年前，宇宙從高能量密度的一點誕生，之後宇

宙一直不斷膨脹、冷卻。

宇宙背景輻射（cosmic background radiation）：**宇宙大霹靂**的火球留下的冷卻殘留物。宇宙背景輻射為熱輻射，擁有微波的波長，對應溫度則為2.7K。

宇宙熱寂說（Heat Death of the Universe）：主張宇宙所有星體最終將耗盡燃燒所需的核燃料，這時候宇宙會變成一個寒冷、毫無生氣的世界。

宇宙膨脹（expanding universe）：發生**宇宙大霹靂**後，宇宙就一直在膨脹。根據哈伯定律，**星系**團彼此遠離時的距離愈遠，遠離的速度就愈快。

守恆定律（conservation law）：一項物理定律。當粒子間發生交互作用時，某些數值的總量（例如**電荷**、**重子數**等等）在反應前後皆維持不變。

成對產生（pair production）：高能量**光子**製造出一個**電子**與一個**正子**的過程。成對產生也可用來指稱同時形成**夸克**與反夸克或**質子**與反質子等等過程。

自旋（spin）：某些粒子帶有的內部角動量。

自發失稱（spontaneous symmetry breaking）：物理系統進入較低的能量狀態時，會失去原有的對稱性。例如液態水在空間各方向皆是對稱的；但當水冷卻結成冰時，結晶軸的排列卻會選擇特定方向。這些方向並沒有特殊涵義，都只是隨機挑選或自發選擇的方向而已。可是結晶軸的方向卻掩蓋了水本身對稱的事實。以此類推，科學家相信**強核力**、**電磁力**與**弱核力**也都擁有對稱性，但只有高能量狀態時才會出現，在一般正常條件下是看不出來的。

色力（color force）：**夸克**與**膠子**間的作用力。

色荷（color charge）：使**夸克**與**膠子**間產生**色力**的來源。色荷共有三種，一般指稱為紅、綠、藍。

氘核子（deuteron）：重氫的**原子核**。重氫為**氫**的一種，原子核是由一

個**質子**與一個**中子**組成，而不是像一般氫原子核只有一個質子。

位壘（potential barrier）：因為**原子核**內的**質子**帶正電，所以當帶正電
粒子接近**原子核**時，首先會遭遇逐漸增強的互斥靜電力。隨著粒子
持續靠近原子核後，將會進入**強核力**的吸引力範圍；強核力最後會
成為主導力量，因此粒子只受吸引力影響。所以粒子接近原子核時
會先遇上阻礙，隨後再越過阻礙。

伽瑪射線（gamma ray）：頻率非常高的一種**電磁輻射**。

事件視界（event horizon）：宇宙中圍繞在**黑洞**周遭的一種想像平面，
所有進入事件視界的物質都無法逃出黑洞，包括光線在內。

味道（flavor）：用來區分不同種**夸克**的特質，包含上、下、**奇異**、
魅、**頂**與**底**等種類。

奇異數（s）（strangeness）：一種**量子數**，用來標示奇異**味道**的**夸克**數
量。

底夸克數（b）（bottom）：一種**量子數**，用來標示底**味道**的**夸克**數
量。

放射核衰變（radioactive nuclear decay）：重**原子核**自發轉變為較輕粒
子的過程。

波干涉（interference of waves）：當空間內的同一區域有一束以上的
波，這些波的波峰與波谷相互重疊時，就會發生干擾現象。如果兩
方的波峰彼此相疊（這時兩邊的波谷也會重疊），將造成建設性干
涉；假如波谷與另一方的波峰重疊（反之亦然），就會造成破壞性
干涉。干涉會使波的強度出現明顯特徵，因此可用來證實觀察對象
的行為是波的行為，而不是粒子的行為。

波函數（Ψ）（wave function）：**量子理論**的一種數學表達式，用來描
述粒子運動。利用粒子其他性質的各項數值，即可以波函數估算在
某一時間的某一區域內，找到該粒子的機率。

波長（wave length）：在一段波列裡，兩個相鄰波峰或相鄰波谷間的距
離。

長度收縮（length contraction）：根據愛因斯坦的狹義**相對論**，當一個物體對觀察者進行相對運動時，物體在運動方向的長度看來就像縮短了一樣。

阿爾法粒子（alpha particle）：氦的**原子核**，由兩個**中子**與兩個**質子**相連組成。

恆穩態理論（steady state theory）：恆穩態理論曾經有一段時間非常流行，與**宇宙大霹靂**理論僵持不下。本理論主張當**星系**離開空間中的某一位置時，會同時生成新物質來占據這個位置。這些新物質聚集形成了新的恆星與星系，這些新恆星與星系又會繼續飛離。因此，宇宙的特性可以永遠不變。但因為如今許多證據都支持宇宙曾發生過大爆炸，所以恆穩態理論已經遭到推翻。

星系（galaxy）：由約一千億個恆星受重力作用牽引而形成的集團。在我們可觀測到的宇宙裡，約有一千億個星系存在。

紅巨星（red giant star）：如太陽等恆星的晚年發展情況，這時恆星體積膨脹，表面呈現紅色。

重力位能（gravitational potential energy）：根據粒子位於重力**場**內的位置所產生的一部分粒子能量。

重力紅移（gravitational redshift）：**磁輻射**在重力**場**內往上移動時所發生的**頻率**變化，例如從星球表面向外發射電磁輻射時的頻率變化。當輻射在重力場內向下移動時，頻率則會移向光譜藍色的那一端。

重子（baryon）：由三個**夸克**組成的**強子**。

重子數（B）（baryon number）：**基本粒子**的一種**量子數**，例如**夸克**的 B 等於三分之一，反夸克則等於負三分之一。

原子（atom）：由**電子**雲圍繞著一個**原子核**所組成。

原子核（nucleus）：原子的中心部分，由**中子**與**質子**組成。

弱核力（weak force）：自然界的一種基本力量，例如可造成某些**放射核衰變**發生。**強子**與**輕子**在交換 W 與 Z 粒子時，就會產生弱核力。

時空（spacetime）：四度連續體，根據狹義**相對論**定義，空間與時間在

此是一體的。

時間延緩（time dilation）：根據愛因斯坦的狹義**相對論**，例如太空船、放射性粒子等物體，若對觀察者做相對運動時，物體的時間看來似乎就變慢了。

核子（nucleon）：**中子**與**質子**的統稱，這兩者都是組成**原子核**的粒子。

核分裂（nuclear fission）：重**原子核**破裂或分裂為較輕的原子核。

核合成（nucleosynthesis）：形成**化學元素**的**原子核**時發生的**核融合**過程。最早的核合成反應，是在**宇宙大霹靂**後數分鐘的激烈環境內發生的。星體核合成則是在恆星內部的炙熱高溫下，發生核子融合的反應。**超新星**爆炸後的短暫瞬間，也會發生爆炸核合成反應。

核融合（nuclear fusion）：較輕的原子核互相融合，構成更複雜的**原子核**。

氦（helium）：第二輕的**化學元素**，其**原子**含有兩個**電子**，**原子核**則是**阿爾法粒子**。

海森堡測不準原理（Heisenberg's uncertainty relation）：這項原理認為我們無法同時準確測量粒子的位置 q 與**動量** p（單就原理上也不可能）。測不準的結果是**普朗克常數** h 的有限值：$\Delta p_{\text{particle}} \times \Delta q_{\text{particle}} \cong h$

狹義相對論（relativity, special theory）：愛因斯坦的理論，認為時間與空間一起構成了四度**時空**。當速度逼近光速時，狹義相對論與古典物理的效應差異就變得非常顯著。

矩陣力學（matrix mechanics）：**量子理論**的另一種表現方式，利用矩陣作為基礎。

能態（離散）（energy states）：根據**量子理論**，一個粒子擁有對應的波，其**波長**左右了粒子的**動量**，因此也會影響粒子的能量。粒子的波與其他波一樣，當粒子局限在某一空間範圍內時，其波長僅會出現固定幾種數值。因此遭局限的粒子（例如**原子**內的**電子**）能擁有的能量大小，僅有離散的幾種數值而已。

高能量物理（high-energy physics）：研究**基本粒子**的物理學，因需要利

用高能量的粒子束而得名。

偵測器（detector）：用來觀測帶電粒子路徑的儀器。根據使用的技術不同，標記粒子行進路徑的方式也不一樣，例如雲氣室的水滴、氣泡室的氣泡、火花、火星等等。現代偵測器會綜合使用多種合適方式，藉此辨識不同種類的粒子。

動量（momentum）：動量等於**質量**乘以速度。

基本粒子（elementary particles）：構成所有物質的最基本粒子。基本粒子的嚴格定義為**夸克**與**輕子**，但也可放寬範圍，用來指稱**質子**、**中子**、其他**重子**與**介子**。

強子（hadron）：受到**強核力**影響的粒子總稱，例如**質子**與 π **介子**。

強核力（strong nuclear force）：**強子**間的主導力量。例如**原子核**內的**核子**就是受強核力牽引。現在科學家認為強核力是一種「滲漏」的力量，由於構成核子的**夸克**間有更基本的**色力**作用，因而「滲出」為強核力；就像是連結**分子**內的各**原子**的力量，其實是各原子內的**電子**與**核子**彼此影響產生靜電力後，從靜電力「滲出」的力。

氫（hydrogen）：最輕的**化學元素**，只有一個**電子**，**原子核**則由單一**質子**構成。

粒子（particle）：定義較寬鬆的名稱，可用來稱呼**強子**（如**質子**與 π **介子**）與基本粒子（**夸克**與**輕子**）。

統一理論（unified theories）：這種理論試圖將各種不同的力歸納為同一種力量的不同表態。例如靜電力與磁力是**電磁力**的一體兩面；後來又發現電磁力與**弱核力**其實都是**電弱力**。**大一統理論**希望能將電弱力與**強核力**歸納為同一種力。最後更希望能夠將重力也統一在一起。

荷（charge）：粒子帶有各種不同的荷（**電荷**、**色荷**、**弱荷**），荷決定了粒子間交互作用的模式。

頂夸克數（t）（top）：一種**量子數**，用來標示頂**味道**的**夸克**數量。

麥克斯威爾惡魔（Maxwell's Demon）：一種假想的生物，會分離快速移

動與慢速移動的粒子，試圖反轉熱力學第二定律（**熵**只會增加）。

場（field）：一種物理性質，在空間裡各個不同位置上的數值都不一樣，或許在不同時間點上也不一樣。位於不同位置的兩個粒子，會在自己的位置上受到對方產生的場影響。例如有**電磁場**、**弱核力場**、**強核力場**（**色力場**）等等。

普朗克常數（h）（Planck's constant）：一種基本物理常數，例如在**海森堡測不準原理**中就有出現。普朗克常數為6.626×10^{-34}焦耳秒。

緲子（muon）：位於第二代的**輕子**。

等效原理（equivalence principle）：等效原理主張加速度與重力是相等的。例如我們可觀察到所有物體在重力環境裡，都會以等速落下。這是愛因斯坦廣義**相對論**的一項主張。

超弦（superstring）：這是近期提出的理論，本理論認為**夸克**與**輕子**並非一般公認的點狀個體，而是由極度微小的振動弦所構成的。

超新星（supernova）：一個極為龐大的恆星發生爆炸碎裂的結果，有時會導致內部核心向內崩塌，形成一個**黑洞**。

超對稱（supersymmetry）：本理論認為遭到交換的中介粒子（如**膠子**、**光子**）與進行交換的粒子（如**夸克**、**輕子**）之間，其性質與角色的差異並不如一般認為的明顯。

量子（quantum）：一種粒子，可用來指稱構成物質的基本成分（例如**夸克**或**輕子**），也可用來指稱負責傳遞力的中介粒子（例如**膠子**或**光子**）。

量子理論（quantum theory）：現代用來理解所有微觀行為的理論，一般的微觀大小是指原子尺寸，甚至還要更小。有時稱為量子力學或波力學。量子力學在描述輻射從一處移動到另一處時，是使用波行為來描述；而在說明輻射與物質交互作用，互換能量與**動量**時，則是以粒子行為來描述。

量子數（quantum number）：一種性質，例如**基本粒子**擁有的**重子數**、**輕子數**等等。粒子發生反應時，量子數通常必須守恆。

黑洞（black hole）：高度密集的物體所創造出的重力**場**，這裡的重力強大到連光線都無法逃出。

微中子（neutrino）：電中性的粒子，**質量**非常微小，甚至可能為零。共有三種微中子，每種**輕子**各有一種微中子。

暗物質（dark matter）：對宇宙內所有不發光物質的通稱。研究**星系**與星系團的運動後，即可推論出暗物質的存在。

電子（electron）：最輕的帶電**輕子**，為構成**原子**的組成成分。

電子伏特（eV）（electron volt）：一種能量單位。一個**電子**通過一伏特的電勢差後將獲得加速，此時**電子**得到的能量就等於一電子伏特。

電弱力（electroweak force）：現在發現**電磁力**與**弱核力**其實是同一種力量的不同形式，這種力量就是電弱力。

電荷（electric charge）：造成粒子間出現電力的一種性質。電荷有正與負兩種，同荷相斥，異荷相吸。例如**質子**就帶一單位正電，**電子**則帶一單位負電。

電磁力（electromagnetic force）：現在發現影響帶電粒子的電力與磁力，其實是同一種力量的不同形式，這種力量就是電磁力。

電磁輻射（electromagnetic radiation）：帶電粒子加速時所放出的輻射。

零點能量（zero-point energy）：物理系統能擁有的最低能量。根據**量子理論**，這種能量其實是有限的數值，並非為零。例如**原子**的**電子**在空間中的位置就有限制；因為我們只能確定電子大概的位置，所以我們無法得知電子精確的**動量**為何（根據**海森堡測不準原理**）。也就是說，我們不可能準確斷定電子的**動量**與能量等於零。

對稱（symmetry）：圓形是一種對稱圖形，因為無論往哪個方向旋轉，形狀都不會改變。因此物理理論認為，若對某物進行某些動作後，其狀態不會出現改變，那該物就擁有對稱性。

磁單極（magnetic monopole）：科學家根據理論推測應有這種粒子存在，但目前仍未發現。這種粒子只帶有單一磁極（北磁極或南磁

極）。

輕子（lepton）：僅受**弱核力**影響，卻不受**強核力**影響的粒子總稱。換句話說，輕子不帶**色荷**。如**電子、紗子、濤子**與相關的**微中子**等等，這些都是輕子。

輕子數（lepton number）：與**輕子**有關的守恆**量子數**。根據輕子的三個不同種類，共有三種對應的輕子數。

銀河（milky way）：我們居住的**星系**名稱。

價電子（valancy electron）：鬆鬆地連在**原子**外層表面的**電子**，附近**原子**的**原子核**可對價電子造成部分吸引作用，因此產生連結各個原子的力量，形成**分子**。

廣義相對論（relativity, general theory）：愛因斯坦的理論。在數學上將重力視為**時空**的彎曲。

暴漲理論（inflation theory）：這項理論認為在**宇宙大霹靂**後的一瞬間（約為10^{-32}秒），宇宙經歷了快速膨脹的階段，隨即才緩和到目前的膨脹速率。雖然暴漲時間很短暫，卻讓宇宙密度能達到**臨界密度**，因此也決定了宇宙最終的命運。

標準模型（或**標準理論**）（Standard Model，Standard Theory）：一如本書內的說明，這是總括**夸克、輕子**與這兩者間作用力的理論。一般認為這是最能解釋**高能量物理**的理論。

膠子（gluon）：傳遞強**色力**的粒子。共有八種可能的色態。

質子（proton）：組成**原子核**的帶正電粒子，本身由三個**夸克**組成。

質量（mass）：粒子內含的一種性質，會決定粒子對加速力的反應。有時稱為慣性質量。

魅夸克數（c）（charm）：一種量子數，用來標示魅**味道**的**夸克**數量。

熵（entropy）：在熱力學中，用來衡量粒子系統混亂程度的性質。

凝息組合（freeze-out mix）：在宇宙密度與溫度降低到不再發生最原始的**核合成**反應後，那些從**宇宙大霹靂**誕生的各種原子核的相對豐度，就稱為凝息組合。有時稱之為「原始核子豐度」。

機率波（probability waves）：一種數學波的名稱，用來判斷在某一時間點的某一塊空間中，找到一個**量子**的機率。

機率雲（probability clouds）：指稱數學機率分布的一般名稱，用來估計在**原子核**周圍區域找到一個原子內**電子**的機率。

頻率（frequency）：在一段有限時間內，發生周期性振盪或循環動作的次數。

頻譜（spectra）：利用**電磁輻射**的組成**波長**來表示電磁輻射。因為**原子**內的**電子**能擁有的能量僅有數種大小，所以當電子從一個能階進入另一個能階時釋放出的輻射，在頻譜上所呈現的波長是離散的；電子的起始能階與最終能階的差異，決定了輻射的波長。

濤輕子（tau lepton）：電的**輕子**，屬於第三**代**。

臨界密度（critical density）：臨界質的宇宙物質平均密度，畫分了宇宙兩種可能的未來：一種是永遠膨脹；另一種則是膨脹後出現收縮。若**暴漲理論**為真，現在的宇宙密度就是呈臨界值（10^{-26} kgm^{-3}）。

繞射（diffraction）：可用來辨識波的行為的特性。波在通過障礙物的縫隙後，會向四周擴散，重疊形成規律的影子。

離子（ions）：結構正常的**原子**失去或獲得一個**電子**，因此成為分別帶有負電或正電的離子。

類星體（quasar）：一種**星系**，其中心有高度活動，十分明亮。類星體在宇宙初期形成，但因為距離我們非常遙遠，所以類星體的光線抵達地球必須花很長的時間，因此今日我們還可以觀察到類星體。

中英對照表

人名

史特拉斯曼　F. Strassmann
史諾　C. P. Snow
史懷格　George Zweig
布萊克特　Patrick M. S. Blackett
弗蘭克　James Franck
吉布斯　J. W. Gibbs
狄拉克　Paul Dirac
貝克　Henri Becquerel
邦迪　Hermann Bondi
奈曼　Yuval Ne'eman
庖利　Wolfgang Pauli
拉塞福　Ernest Rutherford
波耳　Niels Bohr
波茲曼　Ludwig Boltzmann
門德列夫　Dimitrij Mendeleeff
哈恩　O. Hahn
威爾森　R.M.Wilson
倫琴　Wilhelm Conrad Roentgen
格拉肖　Sheldon Glashow
海森堡　Werner Heisenberg
高特　Thomas Gold
勒梅特　Georges Lemaître
康普頓　Arthur Compton
康德　Immanuel Kant
麥克斯威爾　James Clerk Maxwell
普朗克　Max Planck
楊格　Thomas Young
溫伯格　Steven Weinberg
葛拉瑟　Donald Glaser

道耳吞　John Dalton
雷巴克　G. A. Rebka
蓋爾曼　Murray Gell-Mann
赫茲　Gustav Hertz
德布羅意　Louis de Broglie
德謨克利特　Democritus
摩利　Morley
潘塞斯　A. A.Penzias
賴爾　Martin Ryle
霍伊爾　Fred Hoyle
薛丁格　Erwin Schrödinger
邁可生　Michelson
薩萊姆　Abdus Salam
龐德　R. V. Pound

其他

《自然哲學之數學原理》　*Principia*
《物種原始》　*The Origin of Species*
「哈波月刊」　*Harper's Magazine*
「發現雜誌」　*Discovery*
H定理　H-theorem
M殼層　M-shell
人為遷變　artificial transmutation
力勢差　potential of the forces
凡得瓦力　Van der Waal's force
大崩墜　Big Crunch
互相湮滅　mutual annihilation
內在曲率　intrinsic curvature
反物質　antimatter
反質子　antiproton
以太　ether
卡文迪西實驗室　Cavendish Laboratory
布朗運動　Brownian motion

平均律 law of averages
正曲率 positive curvature
永動機 perpetual motion machine
交換現象 exchange phenomenon
同位素 isotope
多重態 multiplet
宇宙紅移 cosmological redshift
百萬電子伏特 MeV
貝他衰變 beta transformation
併生反應 associated production
波動力學 wave mechanics
契侖可夫輻射 Cerenkov radiation
威爾遜 C. R. T. Wilson
柯芬園 Covent Garden
相對豐度 relative abundance
科羅拉多大學 University of Colorado
美國科學作品獎 American Science
  Writing Award
重力位差 gravitational potential
  difference
原始核子豐度 primordial nuclear
  abundancies
庫侖靜電力 Coulomb electrostatic
  force
時空連續體 spacetime continuum
氣泡室 bubble chamber
特殊單式群 Special Unitary
偏心率 eccentricity
國際聯盟 League of Nations
理論物理學國際會議 International
  Conference on Theoretical Physics
速度相加理論 theorem of addition of
  velocities

惠布瑞德年度最佳童書獎 Whitbread
  Children's Book of the Year
惰性氣體 noble gas
稀有氣體 rare gas
華沙 Warsaw
量子起伏 quantum fluctuation
量子象化 quantum-elephantism
隆普朗克非文學類書獎 Rhone-
  Poulenc non-fiction Book Prize
微觀力學 micro-mechanics
溫度梯度 temperature gradient
群論 group theory
電荷守恆定律 conservation of electric
  charge
電壓降 voltage drop
零點運動 zero-point motion
對應原理 principle of correspondence
慣性質量 inertial mass
熔解潛熱 latent heat of fusion
劍橋大學出版社 Cambridge
  University Press
歐洲核子研究委員會 Conseil
  Européen pour la Recherche
  Nucléaire，CERN
熱卡計 calorimeter
熱動力理論 kinetic theory of heat
適當函數 proper function
魅夸克數（c） charm
熵增原理 principle of increasing
  entropy
雙胞胎詭論 twin paradox

你喜歡貓頭鷹出版的書嗎？

請填好下邊的讀者服務卡寄回，
你就可以成為我們的貴賓讀者，
優先享受各種優惠禮遇。

貓頭鷹讀者服務卡

謝謝您講買：_____（請填書名）

　為提供更多資訊與服務，請您詳填本卡、直接投郵（免貼郵票），我們將不定期傳達最新訊息給您，並將您的建議做為修正與進步的動力！

姓名：_____ □先生　民國_____年生
　　　　　　　　　　 □小姐　□單身　□已婚

郵件地址：☐☐☐ _____縣 _____鄉鎮_____
　　　　　　　　　　　　　　　市 　　　　　　　市區

聯絡電話：公(0　)_____　宅(0　)_____　手機_____

您的E-mail address：_____

您對本書或本社的意見：

您可以直接上貓頭鷹知識網（http://www.owls.tw）瀏覽貓頭鷹全書目，加入成為讀者並可查詢豐富的補充資料。
歡迎訂閱電子報，可以收到最新書訊與有趣實用的內容。大量團購請洽專線 (02) 2500-7696轉2729。
歡迎投稿！請註明貓頭鷹編輯部收。